化学探秘

之

名侦探

神秘公寓
的
真相

徐海 / 编著

化学工业出版社

·北京·

图书在版编目（CIP）数据

名侦探之化学探秘. 神秘公寓的真相 / 徐海编著
北京：化学工业出版社，2017.10（2025.2重印）
（名侦探带你学科学）
ISBN 978-7-122-30412-4

Ⅰ.①名… Ⅱ.①徐… Ⅲ.①化学-青少年读物 Ⅳ.①06-49

中国版本图书馆CIP数据核字（2017）第190860号

长沙市人才发展专项资金资助

责任编辑：成荣霞　　　　　　　　　　　　　文字编辑：昝景岩
责任校对：宋　玮　　　　　　　　　　　　　装帧设计：尹琳琳

出版发行：化学工业出版社（北京市东城区青年湖南街13号　邮政编码100011）
印　　装：北京建宏印刷有限公司
710mm×1000mm　1/16　印张 $8\frac{3}{4}$　字数179千字
2025年2月北京第1版第5次印刷

购书咨询：010-64518888　　　　　　　　售后服务：010-64518899
网　　址：http://www.cip.com.cn
凡购买本书，如有缺损质量问题，本社销售中心负责调换。

定　　价：59.80元　　　　　　　　　　　版权所有　违者必究

序

　　随着社会的进步与发展，人文教育与科学教学的相互融合已成为时代的要求，加强人文教育已经成为高校教育改革的主要内容之一。科学人文素质教育对学生的成长无疑是极其重要的，它不仅可以提高学生的科学文化素质与人文素质，还可以引导学生对社会、伦理、环境文化等问题进行深层的思考与探究。

　　《名侦探柯南》是广大学生中认知度最高的动漫之一，与其他动漫不同，它是一部蕴含着丰富的科学知识特别是化学知识的推理动漫；并且，看过《名侦探柯南》的学生都知道，动漫主角——柯南是一名当之无愧的"学霸"，不光是化学，物理、数学、天文、地理、音乐等知识他也几乎是无所不知的。因此，《名侦探柯南》的引入将进一步提升课堂的趣味性。

　　中南大学的徐海老师在承担的科学人文类课程——"名侦探柯南与化学探秘"等课程的教学过程中积极尝试与探索，实行了通过动漫等形式激发学生兴趣来开展教学的创新型人文教育模式：每个章节恰当选取《名侦探柯南》动漫中的相关剧情，剪辑形成回顾关键知识点的动画视频，对其中的科学知识点进行具体深入的阐述，取得了非常好的教学效果。这一新颖的教学模式得到了包括《人民日报》《央视新闻》以及新华社等数十家媒体的正面报道并给予好评，这一模式为教学多样化打开了一扇新的窗口。

　　十多年前，徐海老师在中国科学院化学研究所攻读博士期间，我就认识了他，他为人诚恳、认真、踏实、热忱。这次他把"名侦探柯南与化学探秘"课程的相关内容改编成科普图书，这样不仅仅是中南大学的学生可以通过学习徐海老师的课程来提升科学人文素质，而且世界各地的学生都可以通过本书来系统地学习相关的科学知识，这也为更多喜爱柯南的学生带来了福音。

中国科学院院士
中国化学会理事长

前言

《名侦探带你学科学》介绍

真相只有一个!

这句经典名言复刻在每一位柯南迷的脑海里,陪伴着我们走过一个又一个青葱岁月。依稀记得那时,每天在电视机前静静守候的快乐,还有闲暇时和同学们讨论剧情的兴奋……从1999年《名侦探柯南》动画片引入中国大陆以来,历经多年的风雨路程,柯南带给了我们许多许多,除了对那些美好日子的怀恋,也富含对生命的思考,以及丰富的科学知识,尤其是化学知识!

在进入正餐之前,让我们先来点开胃菜,了解一下那个永远也长不大的小男孩吧。

《名侦探柯南》(名探偵コナン;Detective Conan)最早是1994年开始在日本小学馆的漫画杂志《周刊少年Sunday》上连载的一部以侦探推理情节为主题的漫画作品,作者为青山刚昌,动画作品则是1996年开始在日本读卖电视台播放,现已发展出真人版、剧场版、OVA等多种版本,如今更是在上海开设了主题馆,吸引了众多柯南迷的驻足围观。

《名侦探柯南》的主角江户川柯南是一名小学一年级的学生,却有着超乎常人的推理头脑。这当然不是因为基因变异,也与任何外星学说无关,之所以会出现这种情况,是因为他的实际身份是高中生侦探工藤新一!

熟悉的故事总是有着熟悉的背景和新奇的设定。《名侦探柯南》也不例外。高中生侦探工藤新一与儿时的玩伴小兰在约会时,目击了一群诡异的黑衣人。他独自跟踪这群人并发现他们正在进行非法交易,没想到却遭到黑衣人同伙的袭击并被迫吞下了毒药。虽然他勉强保住了一命,醒来却发现自己变成少年的模样!在阿笠博士的协助下他隐姓埋名,寄住在名侦探同时也是小兰父亲的毛利小五郎家中,为了揪出这群黑衣人而挑战各种离奇的事件。

一部漫画之所以精彩,除了引人入胜的剧情,丝丝入扣的推理,当然还有性格迥异的人物角色。剧中的主角江户川柯南(真名工藤新一)由于被黑衣人灌下身体缩小的毒药APTX4869而回到了发育期的孩童状态,为了躲避追杀,只能暂时化名为"江户川柯南"寄住在其青梅竹马玩伴——毛利兰的家中。他自称七岁，现在帝丹小学1年级B班就读。身体缩小前的新一是著名推理作家工藤优作和红极一时的女星工藤有希子（旧姓藤峰）所生之子。他是高中生兼侦探，也是东京警视厅警部目暮的重要助手，推理能力一流，足球球技也胜人一筹，却是个不折不扣的大音痴。与他青梅竹马的毛利兰，是个内心善良坚强的女孩，还是学校空手道部的主将，曾获关东空手道大赛优胜。其父毛利小五郎曾担任刑警，现改行当私人侦探，开设"毛利侦探事务所"；因柯南用麻醉枪使其麻醉后以小五郎的名义屡破奇案，被称为"沉睡的小五郎"。

除了主角柯南，还有他的一众好友及对手。热衷于科学实验的发明家阿笠博士是个52岁仍然单身的可爱老头，他为柯南发明了许多有用的特种工具；与柯南一样因服下APTX4869而身体缩小的灰原哀本身就是此药的研制者，因不满黑衣组织而出逃，现寄住在博士家里，并以柯南同学的身份生活，她也是目前《名侦探柯南》中最出色的化学家。另外，可爱的少年侦探团，关西的名侦探服部平次和他的青梅竹马远山和叶，帅气的怪盗基德，警视厅的一众刑警，都是令人牵肠挂肚的角色，当然还有神秘的黑衣组织……

《名侦探柯南》作为一部以推理为核心的漫画，其中蕴藏的各种知识可谓不少。剧中的主人公柯南具有高超的侦破与推理能力，当然这与他具有丰富的科学知识特别是化学知识密切相关。APTX4869真的能返老还童吗？为什么喝白干酒有可能解除它的毒性呢？经常看柯南的朋友们是不是对工藤有希子的易容术印象深刻啊？易容术这种东西，它的原理到底是什么？小兰面对着情人节无法送出的巧克力潸然泪下，为什么巧克力代表了爱情，为什么吃了它会有一种恋爱般的幸福感？2008年中国南方遭遇冰雪灾害，由于缺乏融雪剂，以致灾害没能得到及时缓解，那么常用的融雪剂有哪些？它们的融雪原理是什么？节庆日在空中绽放的璀璨烟火，短暂却美丽，它是由什么组成的？这样的问题比比皆是，而其中的答案不在别处，就在《名侦探柯南》动画片里，更在这套"名侦探带你学科学"的书中。仅是略微细想，就能了解，科学尤其化学才不是什么恐怖的妖魔鬼怪，而是与我们生活息息相关的好朋友。有句俗语说得好："生活中并不缺少美，只是缺少发现美的眼睛。"《名侦探柯南》里的科学知识还有很多很多，等待着我们去慢慢发现。

徐老师特别提醒你，看动画片要有选择、有节制，关注健康，保护视力。要听家长的话哟！

最后，感谢长沙市科学技术协会和湖南省科技计划项目2017ZK3014的支持。

徐海

目录

----

❶ 该章有网络 MOOC 视频供观看。

柯南与干冰

——《帝丹小学七大离奇事件》

跟小兰温剧情

在之前的章节里，我们了解了可以燃烧的神奇的冰——甲烷水合物，也就是可燃冰。这里，我们也会探讨另一种神奇的冰，它极度深寒，室温下直接气化，不会留一丁点儿水汽，这也就是我们今天要讨论的干冰。下边就请回顾《名侦探柯南》，一道去认识一下它吧。

在《名侦探柯南》动画片《帝丹小学七大离奇事件》剧集中，帝丹小学里流传着种种离奇事件的传说，瞪着人的石膏模像，会跑的人体模型，还有夜半在校园里游荡的不明人物以及神秘的白色云雾。于是，闲不住的少年侦探团决定夜晚到校园里去探个究竟。

在探秘的过程中，他们意外地发现有个不明人物始终在偷窥他们。在寻找那个神秘人物的过程中，他们来到一处楼梯前，台阶上却雾气腾腾，楼梯扶手上血红的液体汩汩流动。然而，柯南同学很快发现这只是有人想将他们吓走，那个神秘人物原来是他们的教导主任，而可怜的教导主任只是想找回他被风吹走的假发而已。

扫一扫，观看本章
网络 MOOC 视频

本集中，想将他们吓走的教导主任将红色油漆泼在楼梯扶手上伪装成血液，可是那阵阵不断的白色云雾又是怎么回事呢？这就是干冰挥发时吸收热量，使空气中的水蒸气大量冷凝而产生的。接下来就让我们来了解干冰，揭开它的神秘面纱吧！

跟光彦学知识

干冰的化学成分和性质

干冰即二氧化碳的固态形式,通常是块状,类似于大块的冰雪,沸点为-78.5℃。它受热后不经液化,直接升华,因此,它气化时可使周围降到极低的温度,并且不会产生液体,所以叫干冰。干冰是二氧化碳经过常温高压液化后再在低压下迅速蒸发而制备的(图1-1)。

图1-1　干冰制备流程图

干冰的用途

干冰无任何残留、无毒性、无异味,有灭菌作用,具有使物体维持冷冻或低温状态的特性,所以给它带来了广泛的用途。

工业设备的清洗

干冰可广泛用于石油化工行业、电子工业、一般制造业等行业设备的清洗。干冰喷射介质——干冰颗粒在高压气流中加速,冲击待清洗表面。干冰清洗的独特之处在于干冰颗粒在冲击瞬间气化,干冰的动量在冲击瞬间消失。干冰颗粒与清洗表面间迅速发生热交换,致使固体 CO_2 迅速升华,变为气体。干冰颗粒在千分之几秒内体积膨胀近 800 倍,这样在冲击点造成"微型爆炸"。由于 CO_2 被挥发掉了,干冰清洗过程中没有产生任何二次废物,留下需要清理的只是清除下来的污垢(图1-2)。

图1-2　干冰除污原理

这样的清洗方法与传统的清洗方法相比，有什么好处呢？

传统清洗需要停工，并需拆卸、降温、重新组装设备；干冰清洗能清洗到肉眼看到而传统清洗无法清洗的地方，清洗后立即恢复生产，无需拆卸、降温，可在线清洗。从污染方面来说，传统清洗的清洗物会形成二次污染物，而干冰清洗无二次污染，干冰可从接触表面升华。从工时方面来说，传统的清洗、打磨、浸泡等方式费时费力，而干冰清洗是传统清洗时间的1/4或更快。传统清洗对设备的危害更大，会磨损及污染被清洗区域，而干冰清洗无危害，有利于环保，而且更安全（图1-3）。

图1-3 清洗流程图

然而，干冰清洗也并不是完美的。它属于可视清洗流程，一般来说，你必须看得见你所要清洗的物件；干冰清洗设备需要一定压力、流量的压缩空气，会产生高分贝噪声，因此，在清洗过程中，操作及靠近清洗范围的人员需戴耳罩；由于清洗原料为干冰，所以必须有足够的干冰粒来源。

食品行业的应用

在葡萄酒、鸡尾酒或饮料中可加入干冰块，可口的液体在雾气缭绕中更添一分冰爽（图1-4）。星级宾馆、酒楼制作的海鲜特色菜肴如制作龙虾刺身等，在上桌时加入干冰，可以产生白色雾状景观，提高宴会档次。龙虾、蟹、鱼翅等海产品冷冻冷藏也可使用干冰。苏州名菜干冰小龙虾（图1-5）看起来是不是很诱人呢？

图1-4 干冰鸡尾酒

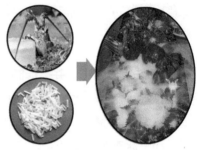

图1-5 干冰小龙虾

哈根达斯与干冰不得不说的秘密

若是说到食品行业中使用干冰的例子，在这里我们不得不提到哈根达斯。2001年中秋节前，这个异国品牌将自己的西方浪漫风情融入传统的东方情结中，推出独具创意的"月饼冰淇淋"，在中秋的月饼市场上产生了震撼的影响。作为冰淇淋，可以在冰箱的冷冻柜中保存一段时间，可是，月饼冰淇淋在运输以及流通环节为什么不会融化呢？特别是从专卖店到顾客手中这一段时间，由于顾客不可能使用专门的冷藏车来运送月饼。这该怎么办呢？

我们的主角干冰就是关键！原来，哈根达斯给顾客的冰淇淋月饼包装袋内配上晶莹剔透的干冰块（粒），这不但可以保持冰淇淋外型完整，不融化，而且干冰产生的二氧化碳白雾还制造出一种无限浪漫的情调，给消费者以美的享受。据工作人员介绍，哈根达斯冰淇淋月饼在运输途中，温度也都始终保持低于-25℃，这样可以避免冰淇淋融化再冻结，能保证高品质。一般来说，月饼盒里放的干冰量能保证1小时冷藏。如果消费者的路程很远，也可以要求增加一些干冰，这样保存的时间将会更长。

医疗行业的应用

干冰可应用于医疗行业中，就是所谓的冷冻治疗，因为它会轻微地冷冻皮肤。有一种治疗青春痘的冷冻材料就是混合磨碎的干冰及丙酮，有时候会混合一些硫黄。冷冻治疗青春痘可以减少发炎，还可以减少青春痘瘢痕的产生。

舞台特效方面的应用

干冰常用于舞台、影视、婚庆等重要场合制作云海效果（图1-6），在本集《帝丹小学七大离奇事件》中，由于干冰挥发时吸收热量，使空气中的水蒸气发生大量冷凝，产生云雾效果。干冰产生的云海，朦胧美妙，宛如仙境，用干冰制作特效的经典剧目不计其数。

曾经有一则关于使用干冰制作舞台特效使孩子冻伤的报道：宁波市某小学举办文艺演出时，为营造舞台效果，使用干冰机喷射干冰雾气，这些雾气给观众带来如入仙境的感觉，却害苦了一群孩子，在舞台上表演的十多个孩子均被喷出的干冰雾气冻伤（图1-7）。

图1-6　干冰的舞台特效

干冰气雾远看挺美近了伤人

http://www.e23.cn 2012-11-29 09:57:56 都市女报

摘 要：近日，宁波市某小学举办文艺演出时，为营造舞台效果，使用干冰机喷射干冰雾气，这些雾气给观众带来如入仙境的感觉，却害苦了一群孩子。在舞台上表演的10多个孩子均被喷出的干冰雾气冻伤。

图1-7　干冰伤人新闻

这又是怎么回事呢？以后使用干冰制作舞台特效还能让人放心吗？经过调查，人们终于找出了事故发生的原因：孩子会被冻伤，是因为演出承包方对干冰机的处理不当，喷射出干冰颗粒所致。

在日常应用中，为让水蒸气最大面积地接触到干冰，一般会选择颗粒状干冰。如果风量过大，干冰颗粒很有可能被一起带到空气中。所以干冰机内大多有特殊装置，可将掺杂在气雾内的干冰颗粒过滤掉。如果厂家偷工减料不安装过滤装置，干冰颗粒被吹出后落到皮肤或薄外套上，就会造成冻伤。

干冰温度一般低于 $-40℃$，皮肤直接接触干冰可造成冻伤。一旦发生冻伤，应立即用自来水冲洗，自来水能将皮肤上残余的冷气迅速散发掉。然后移至暖和处，维持患部于温暖、干燥的空气中。

因此，通过正确的处理，干冰的冷冻效果是可以保证的，不会给人们带来危害。

随优作忆典故

干冰与求雨

1981 年 7 月 29 日，英国查理王子与戴安娜的婚礼在伦敦举行（图 1-8），婚礼之前下了一场倾盆大雨，随后雨过天晴，空气显得格外清新，并且天空还出现了两道绚丽的彩虹，蔚为奇观。这给皇家婚礼带来了无限风采。事后人们才知道，这是英国气象学家设计的一次代号为"晴雨计划"的人工降雨。

早在远古时代，我们的祖先就幻想着掌握呼风唤雨的本领。刀耕火种的初民，跪在炽热的阳光下祈求雨水。巫师们为了求雨使尽了花招，有时戴上面具手舞足蹈，有时放开喉咙咿呀歌唱。他们还常常向冥冥中的神灵祭献牛羊牲灵，有时甚至祭献活人。巫师们用苇管向空中吹喷水珠，希望这种象征性的雨滴可以带来丰沛的雨水。在中国，一般传说下雨与龙王的出行有关，在《西游记》中，有多次提到求雨的情节，泾河龙王因私自下雨而被斩，车迟国虎力大仙等与孙悟空斗法求雨等，这些当然只是寄托着人们希望能够掌控自然的朴素愿望。后来，世界各地求雨的花样不断翻新。有人鸣枪，有人爆破，还有人点燃某种化学物质，相信这类化合物的烟雾可

图 1-8　戴安娜与查尔斯王子的世纪婚礼

能引来雨水，但往往给人们带来的是失望。

随着科学技术的进步，人们逐渐了解了下雨的来龙去脉。水汽从海洋和湖泊的水面上升腾，成为空气的一部分，然后形成云朵，雨水或雪片就从云中降下来。但是，水汽究竟怎样凝聚成雨滴，长期以来始终不甚了然。后来，科学家证明，水汽是积聚在灰尘等细小微粒周围形成水滴或冰晶的。这些微尘十分细小，肉眼无法觉察，但如果没有这些微尘，就算空气中有足够的水汽，也不可能形成一滴雨水。美国化学家欧文·朗缪尔（Irving Langmuir，1881—1957）和文森特·谢弗（Vincent Schaefer，1906—1993）开创了人工降雨的新时代。有一次，朗缪尔和谢弗正在做实验，冰箱却停止制冷，冰箱内的温度降不下去。谢弗情急之下把一些干冰放到冰箱的冰室中，小冰粒在冰室内飞舞盘旋，霏霏雪花从上落下，冰室内寒气逼人，人工云变成冰和雪（实验室里保存有人工云，即充满在冰箱里的水蒸气，设法使冰箱中的水蒸气与下雨前大气中的水蒸气的情况相同，并不停调整温度，加入尘埃进行实验。因为当时的观点认为，雨点是以尘埃微粒为中心形成的，若要下雨，空气中除有水蒸气外，还必须有尘埃微粒）。根据实验事实他们认识到，尘埃对降雨并非绝对需要，干冰具有独特的凝聚水蒸气的作用，即作为"种子"的云中冰晶的成核作用，温度降低是使水蒸气变为雨的重要因素之一，只要温度降到 -40℃ 以下，人工降雨就可能成功。1946 年，在他们的指挥下，一架飞机腾空而起，试验人员将 207 千克干冰撒入云海，30 分钟后，狂风骤起，倾盆大雨，第一次人工降

图 1-9　干冰降雨原理　　　　　图 1-10　碘化银降雨原理

雨试验获得成功。干冰降雨原理见图 1-9。另一位青年科学家伯纳德 · 冯尼古特（Bernard Vonnegut，1914—1997）不满足朗缪尔和谢弗的结论。他相信关于雨滴中心有微细颗粒的结论是有根据的。他查阅了大量的资料，希望找到一种体积和形状都适于形成水珠或冰晶中心的化学物质。冯尼古特最终选定了碘化银。因为碘化银分子中碘离子与银离子的距离与水分子的两个氢原子之间的距离相近，碘化银晶体的外形也与水的冰晶外形并无两样。因此，如将碘化银晶体作为晶核释放到温度较低的过冷却云的水滴中，就像过冷水一样有了晶核很快结晶。而且，1 克碘化银大约可结出 10 万颗晶体，因此，每平方千米降雨面积理论上只需要 10~100 千克碘化银。冯尼古特采用纯净的碘化银，将其射入云层之后，果然纷纷扬扬飘下了洁白的雪花。碘化银降雨原理见图 1-10。

碘化银催雨剂一经使用，很快获得了比干冰更为广泛的应用（图 1-11）。因为碘化银很容易从地面上用简单的装置发射到云层中，不像使用干冰那样麻烦。使用干冰有时还有些危险。有几次巨大的干冰块直坠屋顶，砸出大洞，引起一片恐慌。后来，考虑到碘化银的成本还是太贵，化学家又找到了碘化亚铜来作为人工降雨剂，也取得了较好的成果。

我国一些经常发生干旱的省、自治区都积极开展了人工降雨技术的试验研究和推广应用，由于技术趋于成熟，人工降雨已成为抗旱抗热的重要手段。特别是在中国某些省、自治区的夏季，气候炎热，雨水稀少，当地气象部门常常采用人工手段来降雨，但由于自然降水过程和人工催化过程中的很多基本问题仍不很清楚，所以并非每次都能成功降雨。未来的人工降水的理论和技术方法还需要科学家们进一步探索。

图 1-11 碘化银人工降雨（来源：南方周末）

9

看基德炫魔术

　　干冰是固态的二氧化碳，可以用来制备干冰冰淇淋。随着固态二氧化碳的汽化，冰淇淋就制备好了。这里，我们使用温度更低的液氮（—196℃）来制备冰淇淋，速度更快，口感更细腻！

液氮冰淇淋

魔术名称：液氮冰淇淋

魔术现象：烟雾缭绕，烟雾散去之后，盆中就出现了美味的
　　　　　冰淇淋。

扫一扫，看视频

魔术视频：

 追柯南妙推理

　　在美国南部的得克萨斯州曾发生过一件奇怪的事。有一次，几个美国地质勘探队员去勘探油矿，他们用钻探机往地下打孔，钻到很深的地方。突然，地下的气体以1000磅力（1磅力 = 4.45牛）以上的压力从孔里冲了出来。顿

时，管子口喷出了一大堆白色的"冰花"。有的勘探队员用盆取了一些准备烧汤；有的勘探队员好奇地上前滚雪球。结果，汤没烧成，顷刻间锅内空空如也，没有一滴水；队员们的手上不是起了疱就是变黑了。这件事当时一直困扰着勘探队。你能给他们解释清楚吗？

跟灰原学化学

把干冰（固态二氧化碳）放入铝罐里一段时间，罐外壁结了一层霜，这层霜是由（　）经过（　）这种物态变化形成的。寒冬，坐满人的汽车门窗紧闭，水蒸气液化成小水珠附着在玻璃车窗上，水蒸气变成水珠（　）（选择：会吸热、会放热、不会吸热或放热），水珠会出现在车窗的（　）（选择：内侧，外侧，内、外侧）。

听博士讲笑话

变化

上午在楼道里听见一位女生气愤地打手机："刚开始你把我当氧气，后来当空气，再后来当二氧化碳，现在已经把我当一氧化碳了，你什么意思！"

推理解答、习题答案

【推理解答】

"雪白"的"冰花"不是冰，而是"干冰"。注意，千万不能用手去接触它。因为它的温度低到—78.5℃，会把手冻伤，冻伤后，皮肤出现黑色斑点，并出现水疱。过几天，就开始溃烂。勘探队员们的手是冻伤的结果。据说，这也是人类第一次发现干冰。

【习题答案】

水蒸气 凝华 会放热 内侧

 魔术揭秘

魔术真相：倒入的液体为液氮，温度极低，能瞬间使液状奶油凝固，形成冰淇淋。液氮迅速汽化，冰淇淋不易形成结晶中心，结晶特别小，从而口感更细腻。

扫一扫，看视频

实验装置与试剂：液氮，铁盆，勺子，奶油，牛奶。

操作步骤：将奶油倒入盆中，加入少许牛奶，快速地倒入液氮，并不断搅拌。

危险系数：☆☆☆

实验注意事项：液氮温度过低，请注意佩戴好防护手套，以免被冻伤。

2

冻结的雪花隐藏的秘密：融雪剂与冰雪知识
——《坚不可摧的雪人》

跟小兰温剧情

在前面章节里，我们了解了融化后便消失得无影无踪的干冰以及可以燃烧的甲烷水合物——可燃冰。实际上，真正的冰通常是无法燃烧的，融化后则转化为大家经常见到的水，下面就请和柯南一道去感受冰雪的魅力吧。

在《名侦探柯南》动画片《坚不可摧的雪人》剧集中，出现了将被害人装入利用融雪剂制作变硬的雪球推下悬崖滚落池塘的冰雪杀人事件。在本集中，柯南和阿笠博士以及少年侦探团到群马县去滑雪，在那里，他们遇见了前来制作雪人雕像的美术大学雕刻系的四名大学生板桥一八、小仓朔子、木山锻冶和尾上麻华。四人因琐事起了争执，不久，大家发现小仓朔子失踪了，柯南一行人在悬崖下发现了在池塘中溺死的小仓朔子……

在多数人猜想该事件为意外事故时，柯南找出了事情的真相：凶手板桥一八先杀害了朔子，然后将其装入雪球中推下悬崖，滚进池塘中。雪球在滚动过程中能保持不化则是因为在其中加入了作为融雪剂的盐。在雪里加盐能够降低雪的凝固点，使雪融化，但是融化之前会吸收周围的热量，所以没有撒到盐的周围的雪会冻住变硬，由此，雪球便有了足够的强度而不至于在滚动过程中崩散，最后直接落入池塘内，给人以溺水意外死亡的错觉。

扫一扫，观看本章
网络 MOOC 视频

但是，真相始终只有一个！融雪剂是杀人凶手制造此假象的关键手法。在雪里撒盐雪会变硬，但二者混合均匀后，雪便会逐渐融化掉。融雪剂到底是如何起作用的？洁白晶莹的冰雪到底有什么化学小秘密？请大家跟着柯南一起走进冰雪的世界吧。

 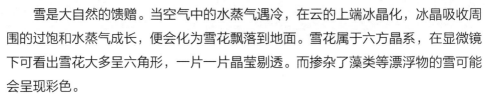

跟光彦学知识

雪是大自然的馈赠。当空气中的水蒸气遇冷，在云的上端冰晶化，冰晶吸收周围的过饱和水蒸气成长，便会化为雪花飘落到地面。雪花属于六方晶系，在显微镜下可看出雪花大多呈六角形，一片一片晶莹剔透。而掺杂了藻类等漂浮物的雪可能会呈现彩色。

雪不仅外形优美，为冬天带来一抹洁白的风景，还能在许多方面发挥它神奇的"魔法"。自古以来，许多农谚中均有提到雪对农业产出的积极作用。"瑞雪兆丰年"是因为冰雪温度低，特别是融化时能吸收大量的地表热量，从而能冻死在地表层越冬的害虫。此外，积雪还能为农作物储蓄水分并增强土壤肥力。还有农谚说："冬天麦盖三层被，来年枕着馒头睡。"因为雪的导热本领很差，土壤表面盖上一层雪被，可减少土壤热量的外传，阻挡雪面上寒气的侵入，使得受雪保护的庄稼可安全越冬。

在本集《坚不可摧的雪人》中提到，加入融雪剂的雪球由于温度很低，雪球十分坚固，在里边装了一个人后，还能长时间滚动而不散。其实，如果不加融雪剂，雪球内没有其他异物，我们照样也能滚起雪球，而且雪球可以越滚越大。这是什么原因呢？难道雪像胶水一样有黏结力吗？其实冰雪的熔点在未加融雪剂的情况下也会变化，这个变化因素就是压力！当我们把松散的雪团压紧时，就加大了雪片之间的压力，熔点因此下降，雪融化成水；当压力取消，水又重新结成冰；另外，压力也有压紧的效果。因此，雪球在地上滚动时，由于雪片被压着的部分不断融化又重新结冰，就和雪球结合在一起。这样不断地滚着，雪球连接的部分越来越多，雪球也就越来越大了！

雪的优点固然还有很多，然而当它们席卷而来时便容易造成灾难，这时候就该是融雪剂大展身手的时候啦！

认识融雪剂

融雪剂又称"化雪盐"，是化学盐类物质，融雪剂可以融化道路上的积雪，便于道路疏通，但其具有危害性。通常我们将其按组成分为氯盐类无机融雪剂和以乙酸钾为主要成分的有机融雪剂。氯盐类融雪剂主要包括氯化钠（NaCl）、氯化钾（KCl）和氯化钙（$CaCl_2$），能够降低雪的凝固点，使雪融化。氯盐类融雪剂的价格便宜，应用广泛，但易在酸性条件下产生盐酸而腐蚀钢筋混凝土，会对路面造成一定的损伤。有机融雪剂的融雪效果好且腐蚀性很小，但其价格昂贵，应用不及氯盐类融雪剂广泛，通常只在机场起降跑道快速除雪过程中使用。

融雪剂是如何实现融雪化冰的呢？

一般情况下，在路面积雪后，人们趁着雪还未融化就在上面撒上融雪剂，路面的雪因为温度升高以及汽车的碾压融化成水，融雪剂溶解在水中成为混合溶液。在通常情况下，混合溶液的凝固点会降低（浓度为 35% 左右的氯化钠溶液的冰点是 −19℃，浓度为 20% 的氯化钠溶液的冰点为 −10℃）。这样凝固点降低就意味着当环境温度低于 0℃ 时，水也不会结冰了，全部处于溶解状态而流入下水道及相关的管路系统。如果融雪剂量比较大时（例如达到 35% 的氯化钠水溶液），即使环境仍然很冷，零下十几摄氏度的时候，道路上的冰雪也全部是融化状态而流走，这样道路就非常通畅，不会有固态的冰雪来阻碍交通了。

为什么混合溶液的凝固点会降低呢？

这是因为当融雪剂溶于水后，水中的离子浓度上升，使水的液相蒸气压下降，但冰的固态蒸气压不变，为达到冰水混合物固液蒸气压相等的状态，冰便融化了（图 2-1）。

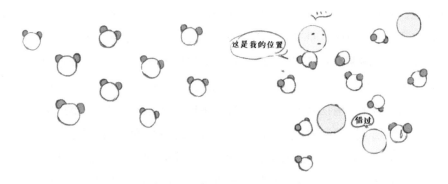

图 2-1　融雪剂降低混合溶液凝固点

为验证混合溶液（盐溶液）的凝固点比水低，我们可以做一个小实验：准备两个大小形状相同的杯子（500毫升左右），加入等量的水，给其中一杯加入小半勺食盐搅拌均匀（此时溶液的体积变化很小，可忽略不计），在杯子上分别贴上"清水"与"盐水"的标签。将贴好标签的杯子放入冰箱冷冻室，每隔五分钟检查结冰情况。可以粗略比较出盐水与清水的凝固点大小。

另外，低温冰盐浴也可以作为佐证，不妨来试试吧！

低温冰盐浴配方（碎冰用量100克）

生活中我们时而会需要一些低温的环境来储存物品等，冰盐浴不失为一个好的方法。光说不练假把式，按下面的配方（表2-1）来动手试试吧！

表2-1　低温冰盐浴配方

浴温 /℃	盐类及用量	浴温 /℃	盐类及用量
-4.0	$CaCl_2 \cdot 6H_2O$（20克）	-30.0	NH_4Cl（20克）+$NaCl$（40克）
-9.0	$CaCl_2 \cdot 6H_2O$（41克）	-30.6	NH_4NO_3（32克）+NH_4CNS（59克）
-21.5	$CaCl_2 \cdot 6H_2O$（81克）	-30.2	NH_4Cl（13克）+$NaNO_3$（37.5克）
-40.3	$CaCl_2 \cdot 6H_2O$（124克）	-34.1	KNO_3（2克）+$KCNS$（112克）
-54.9	$CaCl_2 \cdot 6H_2O$（143克）	-37.4	NH_4CNS（39.5克）+$NaNO_3$（54.4克）

事物都有两面性，科学是把双刃剑。撒过融雪剂的路面雪融化得很快，但是人们却发现，当雪后气温迅速回升，路面就变得泥泞不堪，半融化状态的冰雪混合物被车辆与行人来回碾压，原本白茫茫的道路变成了一条黑乎乎黏乎乎的闹心路。

广泛使用的融雪剂并非完美无缺，氯盐极易与混凝土路面发生化学反应，腐蚀路面，过度使用将缩短公路的使用寿命。此外，混有融雪剂的雪水渗入地下，可能导致土壤的盐碱化，植物因水分收缩将难以生长甚至死亡。但是只要严格控制融雪剂用量，科学规范除雪融冰，则可以趋利避害，为冬季道路的畅通造福。

尽管目前还没有一个十分完美的兼顾经济与环保的除雪化冰的方法，但我们一直在为之努力着，新型的环保融雪剂正在研发中，世界各地也采用了各种可行的办法。我国各省市已出台了相关政策来规范冬季融雪化冰措施，其中一条便是"以机械除雪为主，以融雪剂除雪为辅"。同时，欧美一些国家的做法也相当值得借鉴：在公路上铺撒炭渣、粗砂、树枝等渣类物质，不仅可以防滑、防止路面大面积结冰，还可以吸收太阳热量以提高温度来融雪，并且不会对土壤和路面造成损害。英国的"汇集盐水"法可有效防止融雪后的盐水渗入地下污染地下水，具体做法是：在城市路桥旁铺设专用管道，收集融雪后的盐水，最终引流到污水处理厂处理后再用。而俄罗斯自行研制的新型融雪剂，主要成分为尿素、硝酸钙与硝酸镁，将氮肥与微量元素肥料结合在一起，科学合理使用，不但可以融化冰雪，还可以给植物施肥，一举两得。

科学除雪，环保先行。在增长科学知识的同时培养自身的环保意识，不因当前利益而毁坏长远发展。用科学环保的方法伴我们度过寒冷冬季，相信雪化了，就是春天。

那一年，我们一起"抗战"过的雪灾

我们经历过2008年1月的那个冬天，南方十六个省（自治区、直辖市）被皑皑白雪覆盖，与往常轻而静的雪相异，那次的雪下得轰轰烈烈，一下就是十几天……雪化了又落，最终化为坚硬的寒冰。道路被阻绝，电线被压断，视线变模糊……没有照明没有暖炉，交通事故频发，家人出门总要担惊受怕祈祷出入平安……各路人马都出动，扛着铲子的、带着竹扫帚的，纷纷出门除雪化冰（图2-2）。

团结的力量是巨大的，而科学的力量是伟大的。正当众志成城融雪化冰之时，

图2-2　2008年的雪灾

一件神奇的化学品进入了人们的视野——融雪剂。我们看到穿着工作服的环卫工人，不似众人带着各种扫雪工具，而是捧着盆子，不时地把里面的白色粉末撒到街道上，撒过的路面很快便有了反应，尽管温度还很低，可路面上的冰雪已经开始融化，而环卫工人抛撒的这种白色粉末就是融雪剂。

整体而言，由于中国南方的降雪普遍较少，应对大雪天气的预案不足，雪车等设备不足，融雪剂也相对缺失，以致雪灾没能得到及时缓解。近年来的大雪，我们已做到有备无患。

 ## 伴园子走四方

年轻的你我，总想去大千世界多走走看看，体验这人间不一样的风情，邂逅这世上不一样的风景。

著名的阿尔卑斯山脉想必大家都有所耳闻，绵延遍及法国、意大利、瑞士、德国、奥地利和斯洛文尼亚共六国部分地区的山脉，长达 1200 千米，有着众多海拔 3000 米以上的终年积雪的山峰，例如欧洲最高峰——勃朗峰、欧洲之巅——少女峰、最难登顶的山峰——马特洪峰（曾在《新概念英语》第四册中专文介绍，也是瑞士三角巧克力的图标）等，阿尔卑斯山脉也是西欧自然地理区域中最为险要的景观（图 2-3）。

面对如此壮阔的雪山美景，选择好的观赏视角才能让人赏得痛快。别担心，"冰川快车"从阿尔卑斯山脉横穿而过，它能带给你全方位立体环绕的体验（图 2-4）！

图 2-3　阿尔卑斯山脉最难登顶的山峰
　　　　——马特洪峰

图 2-4　冰川中的魔幻与现实——瑞士
　　　　"冰川快车"之旅

瑞士"冰川快车"是世界十大顶级豪华列车之一，在列车上看到的景观几乎无"死角"。其特别之处源于它的设计，大部分车顶由玻璃制成，车顶与车身连成优雅的弧度，用一块长方形的玻璃将两者连接。所以，在列车上，无论你是向左看向右看，还是抬头仰视，皆能看见一片白茫茫的辽阔的冰川景观，身心也随之开阔愉悦起来。

关于"冰川快车"还有个有趣的别称——"世界上最慢的快车"。在列车上可以放松原来快生活的节奏，静静地看一看自然风光与平时我们走太急错过的风景。世界上最慢的快车旅行需要 7.5 小时，穿越 91 个隧道，经过 291 座桥梁，并且越过 2033 米高的阿尔卑斯隘口，最终到达如牛角般直插天空的瑞士标志性山峰马特洪峰所在的小镇采尔马特。

 看基德炫魔术

利用融雪剂，可以把小冰块吊起来！我们来看看神奇的现象。

神奇吊冰块

魔术名称：神奇吊冰块

魔术现象：小冰块被细线"吊"起来了！

魔术视频：

扫一扫，看视频

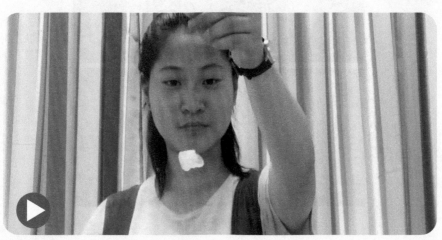

与小兰一起做手工

爱雪的你，如果在一年之中只有冬天能够看到雪未免寂寞。剪一片永不融化的雪花贴在窗户上吧。窗花雪影，说不定连圣诞老人也会多看几眼呢！

材料准备：彩纸、剪刀、小刀、铅笔。

方法步骤：将彩纸裁成正方形，沿对角线对折后，按图2-5折成较为均匀的三折，将上部剪平。用铅笔绘出图中花样，沿花样剪下，摊平则得到雪花。可选择自己喜欢的雪花去剪哦（图2-5）。

图2-5　雪花图案

追柯南妙推理

这是《名侦探柯南》中的一个真实案例。

有一对兄弟因为争遗产的问题，双方闹得很不愉快，很久未能见面了。哥哥开了一间酒吧，有一天，弟弟来了，两人见面后，哥哥立即调了一大杯加了冰的鸡尾酒，准备与久未谋面的弟弟畅饮。弟弟生怕哥哥会毒死他，所以拒绝了。

哥哥明白弟弟的意思，于是拿起酒杯来，喝了一大口，证明酒里没有毒。弟弟见哥哥喝了一口，没有什么异状，也不便于拒绝他的诚意，于是接过酒杯，把剩下的酒一饮而尽。就在弟弟喝下没多久，忽然大叫一声，伏在桌面暴死了，正是中毒的迹象。

刚才两兄弟喝的是同一杯酒，为什么哥哥安然无恙，弟弟却当场死亡呢？

 跟灰原学化学

学了这么多关于融雪剂的化学知识，还等什么呢，用下面的题目来试一试身手吧。

冬天，北方下雪，道路结冰，给交通带来了极大的不便。为了快速消除道路上的积雪，交通部门使用了大量的融雪剂。某公司生产的融雪剂是由 $NaCl$、$Ca(NO_3)_2$、Na_2CO_3 和 $CuSO_4$ 中的一种或两种物质组成的。化学兴趣小组对融雪剂产生了很大的兴趣并对融雪剂的成分进行了积极的探究。

取一定量的融雪剂分装两支试管，进行如下实验，现象记录如下（表2-2）。

表2-2　实验现象

步骤	操作	现象
I	加水溶解	得无色澄清溶液
II	加入 Na_2CO_3 溶液	生成白色沉淀

通过实验现象得出：融雪剂中一定含有＿＿＿＿＿＿＿＿＿，一定不含

有_____。由此可初步确定其成分
有两种可能性：①_____；②_____。为了进一步确
定此融雪剂的成分，需补充做的实验是：_____

_____。

听博士讲笑话

郑板桥咏雪

清代书画家、文学家郑板桥写的《咏雪》诗十分别致，同时也十分有趣："一片两片三四片，五六七八九十片。千片万片无数片，飞入梅花总不见。"全诗几乎都是用数字堆砌起来的，从一至十至千至万至无数，感觉文句平平，让人认为是平凡之作甚至被认为是打油诗，但是最后一句"飞入梅花总不见"如神来之笔，奇峰突起，读之使人立刻宛如置身于广袤天地大雪纷飞之中，描绘生动，瞬间使全诗从打油诗提升为神作，精妙有趣之至！

推理解答、习题答案

【推理解答】

因为哥哥把毒加在冰块里了，哥哥喝的时候冰没有融化，所以没有中毒，弟弟喝时，冰已经融化了，有毒物质进入酒里，当然就毒死了。

【习题答案】

$Ca(NO_3)_2$；Na_2CO_3 和 $CuSO_4$；$Ca(NO_3)_2$；$Ca(NO_3)_2$ 和 $NaCl$；用步骤 I 所得的溶液加 $AgNO_3$ 溶液和稀 HNO_3，有白色沉淀产生的为 $Ca(NO_3)_2$ 和 $NaCl$，若无，则只含有 $Ca(NO_3)_2$。

魔术揭秘

魔术真相： 食盐会加速冰块的融化，与食盐接触的冰块表面融化速度加快。由于冰块温度较低，盐水再次冷却、凝固，因此细线被牢牢地冻在冰块内部。这时只要提起细线，就能轻易地将冰块吊起来了。

扫一扫，看视频

实验装置与试剂： 冰块，食盐，细线。

操作步骤： 将细线的一端放置在冰块上，再撒上一些食盐，一段时间后拉动细线另一端，能将冰块吊起来。

危险系数： ☆

实验注意事项： 冰块易冻伤手，注意安全。

3

一直都那么温暖和美好：
温泉

——《温泉密室杀人事件》

跟小兰温剧情

在上一个章节里，我们一起感受到了冰雪的美好，不过话说回来，在冬天里远望着雪山去泡温泉可是一件人生乐事。下边，我们就通过《名侦探柯南》动画片《温泉密室杀人事件》剧集，来了解一下温泉的知识。

在本集中，柯南以及少年侦探团一行人在阿笠博士的带领下去泡温泉，途中，他们认识了铁山先生、深汐小姐和她的经纪人丹沢纯作。丹沢纯作利用深汐小姐将铁山先生诱骗至温泉房，铁山先生独自一人在温泉房洗浴，丹沢纯作出现，用钝器将其杀死。少年侦探团一行选择早上泡温泉，这样丹沢纯作在作案后未能及时离开作案现场。当时丹沢纯作特意保留的铁山先生的银戒指变黑成为破案的关键。因为铁山先生晚上长时间在温泉洗浴，因此，所佩戴的银戒指长时间浸泡在温泉水内。而通常温泉中都含有硫黄，银与硫可发生反应，产生黑色的硫化银。柯南发现了变黑的戒指，从而指认出了凶手。

从动画片里了解到，洗温泉是非常有益健康的，特别是硫黄对皮肤也非常有好处，中国历来也有瑶池仙境等温泉传说。下面，我们就一起来看看更多关于温泉的知识吧。

跟光彦学知识

温泉是从地下自然涌出或人工钻井取得且水温高于室温，并含有有益于人体健康的微量元素的泉水。人类与温泉水似乎很早就结下了不解之缘。传说中瑶池仙境，湖水粼粼，碧绿如染，金风送爽，瑞气蒸腾，一派祥和景象，湖畔水草丰美，气象万千。湖旁有一平台，每年西王母专门在此设蟠桃盛会，各路神仙便来向西王母祝寿，热闹非凡。据史书记载，人类最早使用温泉水的是公元前 3000 年之前的埃及；公元 7 世纪时的意大利人，常被认为是"温泉疗法的创始者"。证据是，他们在泉水周围建筑了许多豪舍，并在政府设专员研究、探讨、监管温泉源水。而在罗马帝国时代，温泉中心不只是医疗的地方，同时也是罗马军团休闲、取乐的地方。我国也有着悠久的温泉历史文化，秦始皇建"骊山汤"是为了治疗疮伤。国内有文字记载的开发利用最早的温泉是素有"天下第一温泉"之称的华清池。但在当时，人们对温泉的观念还是来自神奇力量、迷信或是信仰，而非真有科学分析。

那么为什么温泉会有如此神奇的功效呢？其实，温泉的益处主要来自于以下几个方面。①水压和浮力的作用。入浴温泉时，水对人体产生了压力，胸腔和腹腔受到压迫，影响到循环器官和呼吸功能，有利尿和治疗水肿的作用。水对人体产生的浮力作用，使人的体重减轻。因此，下地行走不便的人，在水中活动比较方便；半身不遂、运动麻痹和风湿病患者可泡温泉进行运动训练，这对恢复健康有很大的作用。②温度作用。池水温度在 37~40℃时，对人体有镇静作用，对于神经衰弱、失眠、精神病及高血压、心脏病、脑出血后遗症的患者有一定的疗效。池水温度在 40~43℃时，称高温浴，此时对人体具有兴奋刺激作用，对心脏、血管有较好的作用，对减轻疼痛，治疗神经痛、风湿病、肠胃病均有疗效。同时，还有改善体质、增强抵抗力、预防疾病的作用。③矿物质作用。温泉中主要的成分包含氯离子、碳酸根离子、硫酸根离子以及钙镁钠等一系列矿物质成分，此外还有硫等有益元素。在泡温泉时，这些矿物质透过表皮渗入身体皮肤时，可刺激自律神经、内分泌及免疫系统。因此，泡温泉既能驱寒、健身，又有利于一些疾病的治疗。

特别说明一下在本剧集中起到关键作用的硫。在温泉中，硫元素一般以硫化氢的形式存在。硫化氢（H_2S）是一种具有臭鸡蛋味的有毒气体，含有硫化氢的温泉是温泉中的上品，对人体美白、减肥，治疗关节炎、心脑血管等疾病都有效果。尽管硫化氢有毒，但是当硫化氢的含量较少时不会对人体造成伤害。所以大家可以尽情享受硫化氢温泉。臭鸡蛋气味的硫化氢与具有刺激性气味的二氧化硫发生反应可生成硫单质，即通常所说的硫黄（图3-1）。由于硫元素的特殊功效，人类发明了硫黄皂。硫黄皂是一种添加了硫黄的香皂。皂基中加入了硫黄，在洗浴时可产生硫化氢和五氯磺酸，具有杀菌效果。硫黄皂综合多种成分功效，去屑止痒，滋润爽洁，属于健肤系列产品。硫黄皂能抑制皮脂分泌，杀灭细菌、真菌、螨虫和寄生虫等。

　　泡温泉时一定要记得把身上的金属饰品摘下来，不然你会很难过地发现自己心爱的首饰已经被硫化成黑色的了，具体原理见图3-2。那么，如果首饰已经变黑，该如何处理才能使它光亮如新呢？由于产生的硫化银等化合物是极难溶解的，所以使用常规的加酸的化学方法使之光洁是无能为力的。这时候只有采取小心地打磨，使表层的硫化银通过摩擦而除去的方法了。刚才提到如果只是加酸的话，首饰上的

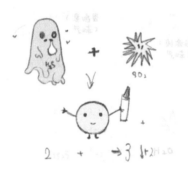

图3-1　硫化氢与二氧化硫的反应

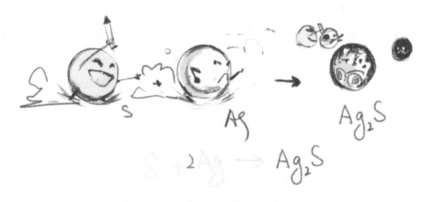

图3-2　泡温泉时银饰变黑的原理

黑色硫化银很难除去，那有没有合适的化学方法来除去黑色物质呢？答案是肯定的。第一种方法可采用把首饰浸泡在碳酸钠溶液中，同时加入少量金属铝片并加热。稍等片刻，由于铝片与碳酸钠反应生成铝酸钠以及氢气、二氧化碳，虽然硫化银的溶解度极小，但仍有极少量的硫化银发生了电离，产生了微量的银离子，而氢气具有很强的还原性，可还原银离子。就这样，硫化银不断地被还原为银，直到黑色物质完全被反应掉，再用清水漂洗片刻，首饰表面就会光亮如新了。

温泉的水温

泡温泉时，不同的水温会有不同的感受，那么你想要怎样的水温呢？

0℃：这叫冰水，不叫温泉。

10℃：这叫冷水，也不是温泉。

20℃：这叫一般水，不过对于怕烫的欧美国家的人来说，已经是温泉了。

30℃：这个温度对于中国人来说，正好是可以洗澡的水温。

40℃：对于日本人来讲，凡是水温低于40℃通通叫冷水。

50℃：在北海道，若是没有这个温度就没有资格叫温泉。

60℃：对于有风湿病的老人而言，这是治疗风湿病的最佳水温。

70℃：如果有人想边泡温泉边煮茶叶蛋来吃，这个水温刚刚好。

80℃：对于爱吃水饺或是吃汤圆的人而言，这种水温正好可以满足你的需求。

90℃：这个水温正好可以满足一边泡温泉一边吃火锅的娱乐享受，当然有人想顺便吃关东煮，也是不错的点子。

100℃：因为上海青没有超过100℃的水温会烫不熟，因此，如果有人想边洗边烫上海青来吃，最好别泡水温低于100℃的温泉。

灰汤温泉

灰汤温泉位于湖南省宁乡市西南部的灰汤镇，总面积为48平方千米。灰汤温泉是我国三大著名高温复合温泉之一，已有2000多年的历史。灰汤这个名字是比较奇怪的，那么大家为什么叫它灰汤温泉呢？

古语中的汤，是指煮沸的开水或温度很高的热水。比如，赴汤蹈火、汤池铁城、固若金汤，就是指的这种热水。灰汤温泉常年水温为89.5℃，荣居高温温泉系列，似开水一样滚烫,可以煮熟鸡蛋和红薯。谓之汤,当然合适。

灰汤温泉,地处南方,湿度大,一年四季热气腾腾,雾气缭绕。尤其是一到冬春两季,地表温度不高,水汽蒸发不力,故数里之遥,可见汤泉境内白云浮蒸如烟,银雾腾空,朦胧一片。走进汤泉,腾云驾雾,云里梭,雾里行,飘飘欲仙,似有流连仙境之感。于是,有人将其灰蒙蒙的雾色与滚烫的汤水结合,简称为灰汤。这一命名,虽不知始于何年何月,但被人们自古沿袭至今。

灰汤温泉交通便利,配套设施齐全,从长沙出行非常方便,这也是长沙旅游的重要名片之一。我国其他两大著名高温温泉——西藏的羊八井温泉以及台湾的北投温泉都相对不易前往,所以对于我们普通游客而言,冬天来到灰汤温泉,是一个不错的选择!

温泉的形成

刚才提到了中国的三大高温复合温泉,可以发现温泉是大自然的恩赐,只有少数地方才有,那么它是怎么形成的呢?哪些地方我们才会发现温泉呢?一般说来,温泉的形成需具备下列三个条件:地下必须有热水存在;必须有静水压力差导致热水上涌;岩石中必须有深长的裂隙供热水通达地面。

具体地说,温泉的形成原因主要包括硫酸盐泉和碳酸盐泉两种。

① 地壳里面的岩浆作用或是火山爆发时产生的。因为在火山活动过的死火山地形区,因地壳运动高起来的地表,其地底下还有没冷却的岩浆,就会不停地冒出热气。如果热气很集中,再加上有缝隙的含水岩层,就会因为热变成了高温的热水,而且还会有蒸汽。这种原因所形成的温泉叫作硫酸盐泉。

② 地面水渗透的循环作用产生的。就是雨水下到地面时,往地底下渗透,变成了地下水。但是地下水受到地壳里面的热气影响就变成了热水,当热水温度变高,就会冒出地面形成温泉。这种原因形成的温泉大部分出现在山谷中,叫作碳酸盐泉。

温泉虽好,也需注意安全

珠海市中山三乡泉眼温泉内发生一起泡温泉死亡事故,一名 25 岁的年轻女子在该温泉的"咖啡池"内突然昏迷,经急救人员确认,该女子已不幸身亡。

在防城港市峒中镇温泉,也有一名 72 岁的妇女独自泡温泉时忽然身体不适,不断呕吐，随后跌落水中，被送至峒中镇卫生院时已经休克，再紧急送往医院经抢救无效死亡。

四川某温泉也曾发生一起事故，一位8岁的女童在父母不注意时忽然溺水，短短2分钟，女孩已经抢救无效身亡。

其实，泡温泉死亡的事故已不少见。国内的相关医学专家曾经建议，温泉并不适合所有人泡，有几类人特别需要注意，如体质不好的老年人、孕妇、小孩；此外，得皮肤病的人、某些大病的康复者也是不适合泡温泉的；而本身患有高血压、糖尿病、哮喘、慢性肺气肿等疾病的，泡温泉应特别小心，起身时也应谨慎缓慢。另外，温泉不宜一个人单独浸泡，也不宜长时间浸泡，以每次不超过20分钟为限，否则会有胸闷、口渴、头晕等现象。在泉水中感觉口干、胸闷时，就得上池边歇歇，或喝点水补充水分。

所以说温泉虽好，也一定要小心啊！

美国黄石国家公园的老忠实泉

间歇泉是间断喷发的温泉，多发生于火山运动活跃的区域，有人把它比作"地下的天然锅炉"。在火山活动地区，熔岩使地层水化为水汽，水汽沿裂缝上升，当温度下降到汽化点以下时，凝结成为温度很高的水，每间隔一段时间喷发一次，形成间歇泉。其中最著名的有美国黄石国家公园的老忠实泉（图3-3）。

图3-3 美国黄石国家公园的老忠实泉

老忠实泉（Old Faithful Geyser），世界上第一个国家公园——美国黄石国家公园（The Yellowstone National Park）内的一口大型间歇式热喷泉，因喷发间隔和持续时间十分有规律（平均每隔 66 分钟喷发一次，每次 2~5 分钟）而得名。

美国黄石国家公园的热喷泉为世界之最，它有三千多处温泉、泥泉和三百多个定时喷发的间歇泉。尤其是间歇泉，更是黄石公园的骄傲。因为全世界其他地方所有的间歇泉加起来，其总数还不及一个黄石公园多。在冰岛、新西兰、日本、喜马拉雅、南美洲以及其他许多火山地区也都有间歇泉发现，然而只有在冰岛、新西兰和这座公园里，间歇泉才展现出它们最为恢宏的气势和最为壮丽的风采。在这三个著名的地区中，无论是从间歇泉的数量上，还是从它们的规模上，黄石公园的间歇泉都当仁不让地拔取头筹。

 随优作忆典故

李世民与温泉铭

唐太宗李世民不仅是我国历史上一位杰出的帝王，同时也是中国书法史上一位重要的人物，身体力行地促使唐代书法成为书法史上最辉煌的一页。

贞观十八年（公元 644 年），李世民在骊山温泉营建"汤泉宫"（也即今日之华清池）。贞观二十二年（公元 648 年）新宫竣工，李世民率文武百官临幸新宫，亲笔御书《温泉铭》来颂扬骊山温泉，并命石匠制碑拓印以示群臣，开创了中国书法史上以行书入碑的先河。

《温泉铭》中说："朕以忧劳积虑，风疾屡婴，每濯患于斯源，不移时而获损。"原来李世民患风湿病多年，正是在骊山泡温泉治愈的。李世民以帝王之尊如此隆重地亲自为温泉立铭宣传，足见当时世人对温泉的认识和重视。

《温泉铭》原碑已亡佚。现存唐代拓本残片，仍可一窥李世民遒劲飘逸、奔放圆熟的书风。

华清池史话

华清池是国内有文字记载的开发利用最早的温泉，恐怕也是人们最耳熟能详的

图3-4 华清宫（左）及其温泉（右）

温泉，素有"天下第一温泉"之称（图3-4）。早在西周时这里的温泉便已被发现，叫"星辰汤"。幽王曾在此建"骊宫"，至秦始皇以石砌池，名"骊山汤""神女汤"。后经汉、隋、唐历朝帝王修扩，至唐玄宗时，宫室扩建并纳汤池于其中，宫室改名"华清宫"，汤池从此也改叫"华清池"。

华清池因为唐玄宗的爱妃杨玉环在此一濯芳泽，以及他们之间缠绵悱恻的爱情故事而蜚声天下。华清池现存唐代汤池中有一个海棠汤，池内平面呈盛开的海棠花状，便是当年唐明皇作为爱情礼物赐给杨贵妃的，也称贵妃池。杨贵妃有羞花闭月之貌，她的美因温泉水的滋养而更妩媚迷人。白居易《长恨歌》中"春寒赐浴华清池，温泉水滑洗凝脂。侍儿扶起娇无力，始是新承恩泽时"，记录的便是杨贵妃在海棠汤出浴后的娇态，为世人留下了一幅美丽的"贵妃出浴图"。据说，杨贵妃能长期"三千宠爱在一身"，唐玄宗六七十岁仍风流倜傥，都与长期泡汤沐浴大有关系。

华清池见证过多少历史风云变幻，现代史上震惊中外的"西安事变"也发生在这里。1959年，郭沫若先生游览华清池后感慨万千，亲笔题写"华清池"金字匾，并欣然作诗曰："不仅宫池依旧制，而今庶民尽天王。"

 追柯南妙推理

一个冬天的晚上，温泉旅馆的大浴室里有个客人被人用手枪从背后开枪打死。

现场还有另外一个人，当目暮警官赶到现场调查案情时，这个人作证说：

"当时我在洗头，听到开门声，随后就听到了枪声。因为我正在洗头，没能看清楚凶手的脸，但我看到那是个戴着墨镜又用毛巾蒙着脸的人。他开枪行凶之后转身就逃走了。"

目暮警官听完之后，马上就对这个人说："你在说谎，而且说得一点也不漂亮。事实上你很可能就是凶手！"

目暮警官为什么说得这样肯定呢？

 跟灰原学化学

温泉水内溶有各种矿物质，包括阴离子、阳离子、复合离子和分子等，这些成分大部分来自自然界的岩石和矿物，有的来自火山气体。依照这些矿物质的化学成分，可将温泉分为碳酸盐泉、硫酸盐泉等。根据报道，某地发现一新型温泉，属于硅酸盐矿泉，有软化血管的作用，对心脏病、高血压等有良好的医疗保健作用，已知硅酸盐中硅显 + 4 价，则硅酸的化学式是（ ）。并写出其余物质的名称。

A. H_2SiO_4 B. H_3SiO_4 C. H_2SiO_3 D. $CaSiO_3$

 看基德炫魔术

温泉中的重要药用成分是硫黄，下面这个小魔术的关键也是含硫化合物。

"可乐"变"雪碧"

魔术名称："可乐"变"雪碧"

魔术现象：将可乐瓶子摇一摇，"可乐"就变成了无色的"雪碧"。

扫一扫，看视频

魔术视频：

 听博士讲笑话

硫化氢

　　实验室经常臭气熏天，有一天我在做实验，突然一股恶臭飘来，我怒了，大叫一声："谁用硫化氢了？"

　　旁边一小师弟红着脸小声地说："师兄，我刚放了个屁。"

 # 推理解答、习题答案

【推理解答】

　　破绽1，冬天，在温泉浴室内戴墨镜，会被雾蒙住眼，什么也看不到，凶手怎么可能开门进来"随后就"开枪？

　　破绽2，"从背后开枪打死"，凶手是如何从背后快速辨别死者就是自己要杀的人呢？体型？但在大浴室中大家都泡在水里。发色？但唯一的另一名现场人在"洗头"。文身？同样，泡在水里，蒸汽又比较多，不容易发现……

　　破绽3，"正在洗头"，无论是站着淋浴还是躺着，都不太可能"听到开门声"，除非那个开门声很大或有风铃之类的声响，但一般的浴室都不会这样设置门。

破绽4，"正在洗头""戴着墨镜又用毛巾蒙着脸"其实都是为了给"没能看清凶手的脸"找理由，很明显后一个理由非常有说服力，那么为什么又要强调"正在洗头"而"没有看清凶手的脸"呢？是因为撒谎而没有底气，所以总想找出更多的理由。

破绽5，"开枪之后转身就逃走了"，进浴室是要脱衣服的，否则浴室外的服务员都会提醒你，这样会引起更多人的注意，凶手很有可能扮成一个洗浴的人，光着身子走进浴室，那么，又怎么可能"转身就逃"呢？逃到冰天雪地里岂不是自寻死路？

破绽6，如果凶手穿着衣服，那么对于"正在洗头"的目击者来说，"没能看清凶手的脸"，更能够注意到的应该是凶手的衣服颜色、样式等，但目击者却没注意到……

破绽7，凶手"戴着墨镜又用毛巾蒙着脸"，在人人都赤着身的浴室，戴个墨镜多容易引人注意，只用毛巾蒙着脸就好了，何必多此一举？

撒谎是一件高难度的技术活，智商和情商都要非常高才能撒得非常好，不过，通常聪明的人都不撒谎……

【习题答案】

硅酸是不显电性的，且硅显正4价，所以A、B被排除。又因为题目让求酸，而D是硅酸盐，所以选C。A和B什么都不是，C为硅酸，D为硅酸钙。

 魔术揭秘

魔术真相：硫代硫酸钠能和碘发生氧化还原反应，褪去碘的颜色。$I_2+2Na_2S_2O_3 \xlongequal{\quad} 2NaI+Na_2S_4O_6$

实验装置与试剂：硫代硫酸钠，碘，糯米纸。

扫一扫，看视频

操作步骤：向可乐瓶中加入 3/4 的蒸馏水，将适量碘片溶于 50mL 的酒精中制成深褐色溶液，倒入可乐瓶中。要边振荡边加入碘，直至与可乐颜色相近。在干燥的瓶盖内放入硫代硫酸钠粉末，取一张糯米纸盖在粉末上，再将瓶盖小心盖紧。

危险系数：☆☆

实验注意事项：本实验使用了碘，对碘有过敏史者禁用。碘也有一定毒性，使用后应用酒精清洗干净皮肤及接触的衣物。魔术中的这种"可乐"和"雪碧"绝对不能饮用！

卫生间里的危险

——《浴室密室事件》和《金融公司社长杀人事件》

跟小兰温剧情

在上个章节里，我们了解到许多温泉含有硫的成分，硫有益于身体健康，硫黄药皂也是大家所熟知的清洁用品。不过，卫生间里常见的清洁用品并非就一定安全，其实也有一定的危险性。在《名侦探柯南》动画片《浴室密室事件》剧集中，凶手计划用含次氯酸根的清洁剂和酸性清洁剂混合后会产生有毒气体这一原理杀人。我们就随着柯南一道，看看清洁剂来杀人是怎么回事吧。

毛利一家准备去听洋子的演唱会，可粗心的毛利却把票丢了，在饭店里认识的青岛全代表示愿意出让多余的票，但是想借用毛利的车去接她的妹妹青岛美菜。当一行人到达青岛美菜家时，却发现她死于浴室，浴室全部用胶带粘好……这是一个浴室密室杀人事件。警官在浴室中发现了两瓶不同的清洁剂，细心的柯南通过这一点逐渐摸出案件的全部脉络。原来，凶手是想利用两瓶不同的清洁剂产生有毒气体这一现象杀死受害人，但由于受害者也知道这一原理，在购买时虽然买了两瓶不同的清洁剂，但因同是酸性的清洁剂，并不会产生毒气。因此，凶手改变了作案手法，把被害者——她的妹妹青岛美菜杀死，并利用胶带贴在门内所造成的错觉，将凶杀现场伪装成密室。

两瓶不同的清洁剂混合竟然会产生有毒气体？尽管在动画片中并没有提及两种清洁剂和有毒气体是什么，但查询资料可以发现，两种清洁剂最有可能分别为含次氯酸根的清洁剂和酸性清洁剂，生成的有毒气体即为氯气，氯气是一种可以杀人的毒气，其反应原理见图 4-1。

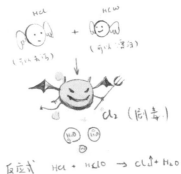

图 4-1 含次氯酸根的清洁剂与酸性清洁剂混合产生有毒气体的原理

刚才介绍了在卫生间中两种不同的清洁剂混合则有可能产生致命的氯气，而在《名侦探柯南》动画片《金融公司社长杀人事件》剧集中，则是杀人凶手利用含有硫代硫酸钠的漂白剂除去氰化钾这一原理清除作案痕迹。凶手使用的漂白剂也是一种清洁剂。

肥田社长约定好 30 分钟后来打麻将，可是却放了毛利等人的鸽子，最后毛利一行人发现肥田社长死在密室中，是氰化钾中毒引发死亡。犯罪嫌疑人一共有 3 人，分别是藤井孝子、南泽尚善和饭野宏，他们都有足够的犯罪动机，并在案发现场肆意走动，有足够的时间破坏案发现场。

一般情况下，氰化钾很不易去除，但整个房间除了肥田社长的拇指和他所数的钞票上含有氰化钾外，其他地方均没有有毒物质的痕迹……

原来肥田社长在数钱时会舔大拇指，凶手即藤井孝子利用这一点，将氰化钾涂在控制瓦斯的把手上，当水烧开时，笛声响起，肥田社长跑去关上瓦斯，大拇指上便沾到了氰化钾，随后数钱时死亡。藤井孝子本打算在转天清晨擦去毒物，但未想到尸体被提前发现，于是跑去厕所用手帕蘸上含有硫代硫酸钠的漂白剂，除去了涂在把手上的氰化物。本集的重点则是含有硫代硫酸钠的漂白剂可与氰化钾发生反应，生成弱毒性的硫氰酸钾，就像一把锋利的小刀变成了钝刀了（图 4-2）。氰化钾中毒示意图见图 4-3。

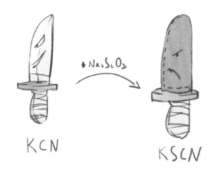

图 4-2 硫代硫酸钠去除氰化钾

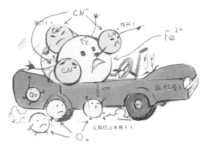

图 4-3 氰化钾中毒示意图

名侦探之化学探秘 — 神秘公寓的真相

通过这两个剧情片段，我们可以发现大家常用的这些卫生清洁用品也可能隐藏着杀人的试剂！所以，我们要掌握更多的化学知识，这样就能有备无患了。

 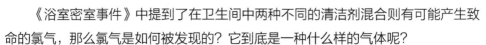

跟光彦学知识

《浴室密室事件》中提到了在卫生间中两种不同的清洁剂混合则有可能产生致命的氯气，那么氯气是如何被发现的？它到底是一种什么样的气体呢？

氯气的发现应归功于瑞典化学家卡尔·威廉·舍勒（Carl Wilhelm Scheele,1742—1786）。舍勒在 1774 年发现氯气，当他制备出氯气以后，把它溶解在水里，发现这种水溶液对纸张、蔬菜和花都具有永久性的漂白作用。他还发现氯气能与金属或金属氧化物发生化学反应。化学家汉弗里·戴维（Humphry Davy,1778—1829）经过大量的实验研究，才确认这种气体是由化学元素氯组成的物质。他将这种元素命名为 chlorine, 这个名称来自希腊文，有"绿色的"意思。中国早年的译文将其译作"绿气"，后来才改为"氯气"。

氯气在常温常压下为黄绿色气体（图4-4），有强烈的刺激性气味，化学性质非常活泼，并且有强氧化性，溶于水后可产生次氯酸，在早期作为造纸、纺织工业的漂白剂。氯气可以作为强氧化剂与氯化剂，具有可杀毒灭菌的效果。

正是因为氯气溶于水后产生的次氯酸具有消毒灭菌作用，中国的科学家发明了84 消毒液。1984 年，地坛医院的前身北京第一传染病医院成功研制了能迅速杀

图4-4　氯气

灭各类肝炎病毒的消毒液，定名为"84肝炎洗消液"，后更名为"84消毒液"。地坛医院设立"北京第一传染病医院劳动服务公司"，生产销售84消毒液。地坛医院还于1997年3月通过组建集团公司的形式，向全国三十多家生产厂商转让、许可使用其技术，生产、销售84消毒液。早期仅在医院内使用，用于多种医疗器械、布类、墙壁、地面、便器等的消毒。现在市面上到处可以买到84消毒液。次氯酸钠为消毒液的主要有效成分，有效氯含量为1.1%~1.3%，可杀灭肠道致病菌、化脓性球菌和细菌芽孢，适用于一般物体表面、白色衣物、医院污染物品的消毒。2003年SARS在中国暴发，84消毒液因有效杀灭各种传染病菌而销量大增，许多家庭都采购了84消毒液用于自家的环境消毒，从而使这种消毒液的名字深入人心。

随后，许多消费者还发现，84消毒液具有强力去除衣物上顽固污渍的特点，从而使84消毒液成为家庭必备的清洁用品。那么84消毒液是如何清除污渍的呢？原来84消毒液中的次氯酸钠的性质与工业上传统使用的漂白粉次氯酸钙的性质类似，都能起到清洁衣物的作用。对于汗渍、果汁、菜汁等污渍，次氯酸具有氧化性，能将汗渍中的蛋白质，果汁、菜汁中含醛基或者羟基的有机还原性物质氧化为酸；墨汁等物质含有金属离子，可与酸性的次氯酸起反应而溶解于水。这些污渍溶于水后，随着漂洗而被除去，这也就是清洗顽固污渍的原理。应该注意到，84消毒液中的次氯酸的浓度比较大，所以如果长时间与衣物接触，那么不但会除去污渍，还有可能与衣服中的色素（衣物之所以有着不同的颜色往往是通过染色染上去的）起反应，使色素分解，整体效果就是所有的颜色都消失了，只留下白色。所以，84消毒液大家可要慎用。

刚才了解了氯气与清洁剂84消毒液，下面，我们来看看清洁剂到底有哪些吧？

日常生活中，清洁剂一般分三种，一是含次氯酸根为主的清洁剂，例如上面提到的84消毒液、漂白粉等等。二是中性的清洁剂、洗涤剂等，一般不会出现问题，对人的伤害不大，如洗碗剂和果蔬剂。三是酸性清洁剂，如浴室清洁剂、洁厕灵。

含次氯酸根的代表性清洁剂为84消毒液，主要成分为次氯酸钠（NaClO）。

酸性清洁剂，如洁厕液，主要成分是无机酸（HCl）以及表面活性剂、增稠剂、香精等其他化学物质。

据新闻报道，镇江新区一位保姆因为不懂相关知识，用洁厕液洗过厕所后，又倒入84消毒液消毒，结果意想不到的事情发生了，坐便器内突然冒出一股烟气，自己嗓子不适不说，跟在她后面的孩子竟被熏晕了过去。吓得这位保姆抱着孩子就冲出卫生间，好在经过抢救，孩子终于脱离了危险。

很多人认为，将两种清洁剂混合使用会增强清洁效果。但有时事实并非如此，一些清洁剂在混合使用后，不仅其中的有效清洁成分会消失，还会生成有毒成分，就比如我们上面提到的 84 消毒液和洁厕液。

当这两种清洁剂混合时，由于 84 消毒液中的次氯酸钠具有强氧化性，与洁厕液中的盐酸便发生了氧化还原反应，生成氯气。

反应的离子方程式为：

$$ClO^- + Cl^- + 2H^+ = Cl_2\uparrow + H_2O$$

其实这也是《浴室密室事件》中提到的在卫生间中两种不同的清洁剂混合则有可能产生致命的氯气的原因！大伙可千万别把这两种不同类型的清洁剂混合使用！

氯气那些事

氯气主要是通过呼吸道侵入人体并溶解在黏膜所含的水分里，生成次氯酸和盐酸，对上呼吸道黏膜造成有害的影响：次氯酸使组织受到强烈的氧化；盐酸刺激黏膜发生炎性肿胀。1 升空气中最多可允许含氯气 0.001 毫克，超过这个量就会引起人体中毒。症状重时会发生肺水肿，使循环作用困难而导致死亡。第二次世界大战期间，纳粹德国曾建立集中营，利用氯气等有毒气体大量杀死战俘。在本集中青岛全代想利用两种清洁剂产生氯气杀人的想法是不太现实的。因为产生的氯气量实际是比较少的，无法达到致死的效果，另外，氯气具有强烈的刺激性气味，空气中存在极微量的氯气时人就可以闻到，从而迅速离开有氯气的区域而避免中毒。在纳粹集中营里是因为战俘们无法离开房间从而导致死亡的。

当发生氯气泄漏事件时，我们如何自救呢？首先应该拿湿毛巾掩住口鼻，迅速离开有氯气的环境，到通风处，然后用温水漱口，但切忌喝水进胃，因为氯气溶于水后具有强氧化性以及酸性，有可能灼伤食管。氯气中毒的话，有条件就要立刻吸氧，并立即送医治疗。

最后，在使用任何清洁用品前，请每个人都要仔细阅读"使用说明"。很多人把多种洗涤剂、消毒剂混合使用，以为去污、清洁效果更佳，殊不知这样做去污效果不仅变差，还会危害到周边人的安全健康。再好的清洁剂，若使用不当，也会给健康带来或多或少的影响。

一些特殊的清洁剂在使用后，一定要将手清洗干净。与此同时，如漂白剂一类的用品，千万不要与酸性物质混合，最好单独存放。为保障身体安全，再怎样谨慎也不为过。记得提醒自己的家人和朋友！

认识硫代硫酸钠

《金融公司社长杀人事件》中，杀人凶手利用漂白剂除去氰化钾，想消除作案痕迹，那我们就来看看漂白剂的知识吧。

漂白剂是破坏、抑制食品的发色因素，使其褪色或使食品免于褐变的物质，一些化学物品通过氧化反应以达到漂白物品的功用，而把一些物品漂白即把它的颜色去除或变淡。常用的化学漂白剂通常分为两类：氯漂白剂及氧漂白剂。上文提到的84 消毒液就属于氯漂白剂！

不过，并非所有的清洁剂都可以除去氰化钾，在剧中，杀人凶手使用的应该是硫代硫酸钠。这是属于一种较为特殊的漂白剂，它俗称大苏打，无色透明单斜晶体，无臭，味咸，易溶于水，不溶于醇，在酸性溶液中分解，具有强烈的还原性，在 33℃以上的干燥空气中易风化，在潮湿空气中有潮解性。除了作为漂白剂，硫代硫酸钠还可用于缓解氰化物中毒及升汞（氯化汞）中毒、铊中毒。大家都知道，氰化物具有很强的氧化性，而硫代硫酸钠具有较强的还原性，可以与氰化物，如氰化钾发生氧化还原反应，生成毒性较弱的硫氰酸钾，其化学反应方程式为：

$$KCN+Na_2S_2O_3 = KSCN+Na_2SO_3$$

如果误服了氰化钾，能否使用硫代硫酸钠来解毒呢？答案是否定的。由于氰化钾进入体内后进入血液，起效迅速，而硫代硫酸钠与氰化钾的反应速率相对比较迟缓，因此，误服氰化钾后，还需要专门的快速解毒剂来处理，否则很难挽回生命。

同时，大家还可以看到本集中的一个小细节，目暮警官向藤井孝子的手帕上滴上咖啡色的碘液，但颜色却在手帕上消失了。为什么颜色那么深的碘水滴到手帕上会呈无色呢？

原来，碘水是一种黄褐色液体，主要成分为碘化钾及碘单质，具有较强的氧化性，而硫代硫酸钠的还原性很强，因此，两者相遇后发生了氧化还原反应，生成无色的硫酸钠和碘化钠。因此，碘水的颜色就会从黄褐色变为无色了。

关于碘液，还有一个有趣的小现象：当碘液与淀粉混合后会变成蓝色，大家可以用馒头、刚切开的土豆等含有淀粉的东西试一试！

瓜果蔬菜洗净方法大比较

本章提到的各种清洁用品，其实主要目的是清洁人们的生活空间。那么，蔬菜与水果的清洗，是否也需要清洁用品呢？由于蔬菜和水果表面往往存在农药残留以及各种污渍，我们该采取哪种清洁方式呢？下边列举了几种清洗方式，也给大家比较一下。

① 水洗。水无毒无害，用水洗也最方便快捷，但农药的残留率很高，所以需要反复清洗。

② 盐洗。很多人都说盐水可以很好地去除瓜果皮上的农药，但是真的如此吗？经过我们的实验，盐水并没有人们所说的神奇功效，尽管盐水可使虫卵、蛀虫等较易掉落，但是盐会降低水的清洁能力，而且若盐的浓度太高，会形成渗透压，破坏水果的口感。

③ 淘米水洗。大米表面含钾，第一遍和第二遍的淘米水带有弱酸性，而很多农药只有在弱酸性物质的作用下才能丧失一定的毒性，因此，很多人称淘米水为"神奇之水"。但淘米水通常都只有一盆，水量不足以洗去农药。如果要清洗的瓜果数量不多，这倒不失为一个好办法。

④ 碱洗。还有一种方法是用食用碱，如小苏打。农药分很多种，其中一部分是含有机磷的，这些农药在碱性环境下能得到分解，所以用碱水可以有效地清除瓜果蔬菜上的残留农药。但是碱通常有一定的涩味，如果清洗不干净，那么会给食用带来不愉快。

⑤ 洗涤剂洗。其实洗涤剂能够很有效地清除瓜果蔬菜上的污垢和农药，但其本身就含有大量的有害物质，并且极难清洗。某电视台曾经做过一个调查，选用市场上9种洗洁精，洗过餐具后，用自来水冲洗12次，还能检测出平均0.03%的残留物。一般洗涤剂的主要原料对人的身体危害不大，但有些商家为牟取暴利，使用劣质原料做成洗涤剂，致使其中的有害物质超过国家标准，如对人体有害的甲醇和荧光增白剂，以及在生产过程中从管道或容器溶出的铅、砷、汞等有害物质。洗涤剂还有可能因为存放不当而造成污染，或因存放超出保质期而使大量微生物在洗涤剂中繁殖，严重的会使人产生身体不适，甚至致癌。

⑥ 氧净清洗。市面上出现了一种叫氧净的清洁用品，可有效地清除瓜果蔬菜上的污垢和农药。它的主要成分是过氧碳酸钠，主要利用氧化性除去各种有机残留

物，清洁效果不错；而且分解产生的氧气是安全无害的，同时产生的碳酸钠可溶于水，清洁简便。

看基德炫魔术

利用厨房中的洗洁精，也能做出让人惊叹的化学反应。

泡沫喷泉

魔术名称：泡沫喷泉

魔术现象：向装有洗洁精和某种白色固体的锥形瓶中加入无色透明液体后，大量的泡沫向外涌出，形成了泡沫喷泉。

扫一扫，看视频

魔术视频：

追柯南妙推理

工藤新一去看望布莱克先生，在奢华的客厅等了5分钟后，还不见其出现。

这时仆人特里说："老爷进去洗澡已经有半个多小时了，会不会……"

工藤新一撞开门，发现布莱克已经去世。从初步检查来看是溺水死亡，死亡时间大概是1小时前。

千叶警官赶来检查后发现竟然是被海水溺死的！肺部有大量的海水，而没有淡水残留；同时，整个下午只有特里一个人在，没有其他人来过。

工藤新一对千叶警官说："抓住特里，只有他有作案时间，他就是凶手！"

"不是我，真的不是我！"特里拼命摇头。"从老爷邀请你来到现在只有30分钟，可是从这里到海边却要1个小时！就是坐飞机也来不及！依我看，一定是出现了海鬼，在浴缸里杀死了老爷！"

工藤新一在浴缸边上发现了一些细小的粉末，回头冷笑："雕虫小技！你就是凶手！"

特里是怎么在20分钟里完成不可能的任务的呢？

 跟灰原学化学

中国南方的自来水硬度很高，所以烧开水时容易起很多的水垢，另外，在洗衣服时，硬水能使肥皂的去污能力减弱或失效，这是因为发生了（　　）。

A.水解反应　　B.沉淀反应　　C.皂化反应　　D.中和反应

 听博士讲笑话

小男孩与狗

一个8岁男孩来到杂货店要买一大桶清洁剂。

店主问他，是不是有一大堆衣服要洗。

"哦，不是的，我准备洗我的狗。"

"可你不能用这个给狗洗澡，它的刺激性太强了，狗会生病的。事实上，它可能会弄死你的狗！"

小男孩并不理会店主，还是买了就走。

一周后，男孩又到店里来买糖果。

店主问他："你的狗怎么样了啊？"

"哦，它死了。"小男孩很伤心的样子。

"我可告诉过你别用那清洁剂洗你的狗来着！"

"嗯，可我认为不是清洁剂害死它的。"

"那是怎么回事？"

"我想那是因为洗衣机的转筒转得太快了吧！"

推理解答、习题答案

【推理解答】

在水中加入海盐，造成被海水溺死的假象。

【习题答案】

沉淀反应。

肥皂的主要成分是高级脂肪酸钠，在水中电离为钠离子和高级脂肪酸根离子。硬水里有大量的钙镁离子，会与高级脂肪酸根离子结合成为高级脂肪酸钙／镁沉淀，而肥皂去污全靠高级脂肪酸根离子，故硬水与肥皂的沉淀反应使得肥皂失去了去污效果。

魔术揭秘

魔术真相：双氧水在碘化钾的作用下发生分解生成了水和氧气。大量的氧气溢出的时候遇到了洗洁精就成了泡沫，泡沫向外涌出，便形成了泡沫喷泉。

实验装置与试剂：洗洁精，碘化钾，30% 双氧水，锥形瓶，量筒。

扫一扫，看视频

操作步骤：向锥形瓶中加入 20 毫升左右的洗洁精以及 30 克的碘化钾，使用量杯将 200 毫升浓度为 30% 的双氧水倒入锥形瓶。

危险系数：☆ ☆ ☆

实验注意事项：本实验使用了碘化钾，对碘有过敏史者禁用；双氧水对皮肤有刺激性，如有接触，应用大量流动清水冲洗。

5

无路可逃的隐身凶手：甲醛

——《看不见的凶器》

跟小兰温剧情

在上个章节里，我们了解了氯气是一种刺激性的有害气体，如果吸入较多就会引起中毒，甚至死亡。实际上，提到有害气体，我们可能会立刻想到甲醛，它是室内空气污染的罪魁祸首之一。在《名侦探柯南》动画片《看不见的凶器》剧集中就介绍了甲醛的知识。

31岁的教师吉野千惠跟往常一样驾车回家，途中却突然晕了过去，失去了意识，车子失去控制，差点撞伤正在路边的小兰和园子。千惠连忙跟小兰和园子道歉，并告诉她们自己最近常常这样突然晕过去而失去意识。小兰觉得其中一定有什么隐情，便和柯南、园子一同前往千惠的家中探访。

原来，千惠与丈夫明夫一个月前搬家到了福冈。只是千惠每天都要驾车从福冈的家里到静冈的学校上班，但是经常在开车时出现晕厥。之后，小兰和柯南发现了明夫向千惠的汽车空调送风口喷洒甲醛！因为甲醛的作用，千惠若在途中晕厥，就十分有可能出车祸，他就可以获得高额的保险金。

本集也是小兰自己第一次通过推理来破案，终于把犯罪嫌疑人明夫绳之以法。在剧中，我们也了解到了甲醛的危害，下边我们就一起来认识一下甲醛这样看不见的凶器吧。

扫一扫，观看本章
网络 MOOC 视频

47

跟光彦学知识

甲醛（图5-1）在常温下是无色的气体，家庭装修中大量的原材料均含有甲醛，甲醛超标导致许多人因此患上疾病，甚至死亡，因此，它是看不见的隐形杀手。

不过它有刺激性气味，能被人所感知，许多人一进新装修的房子就可以感受到刺鼻的气味，这就是甲醛的刺激性气味。甲醛有很强的还原性，为强还原剂，在微量碱性时还原性更强。正是因为它的高还原性，所以它的蒸气进入体内后能强烈刺激黏膜，具有致癌性，属于高毒物。35%~40%的甲醛溶液就是大名鼎鼎的福尔马林，医学上常用来储存生物标本。甲醛液体在较冷时久储易浑浊，容易形成三聚甲醛沉淀。甲醛是最简单的醛，通常把它归为饱和一元醛，但它左右对称，相当于二元醛。

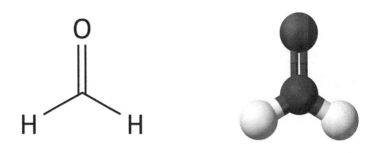

图5-1 甲醛分子结构式（左）和球棍模型（右）

甲醛的应用

虽然甲醛对人们的健康是十分危险的隐形杀手，但是它也有着许多的优势，应用在我们生活的方方面面，给我们带来许多便利。

甲醛运用于木材工业，用于生产脲醛树脂及酚醛树脂，由甲醛与尿素按一定的摩尔比混合进行反应生，成脲醛树脂；由甲醛与苯酚按一定的摩尔比混合进行反应，生成酚醛树脂。不过甲醛在木材加工业中的位置正在被MDI（图5-2）胶取代。

甲醛运用于纺织产业，服装在树脂整理过程中都要涉及甲醛的使用。服装面料的生产，为了达到防皱、防缩、阻燃等作用，或为了保持印花、染色的耐久性，或为了改善手感，就需在助剂中添加甲醛。目前用甲醛印染助剂比较多的是纯棉纺织品，因为纯棉纺织品容易起皱，使用含甲醛的助剂能提高棉布的硬挺度。但是含有

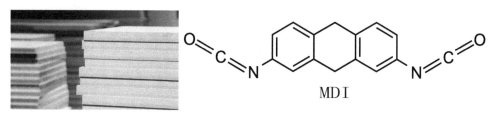

图 5-2　木材加工行业中的 MDI（4,4'- 二苯基甲烷二异氰酸酯）

甲醛的纺织品，在人们穿着和使用过程中，会逐渐释放出游离甲醛，通过人体呼吸道及皮肤接触引发呼吸道炎症和皮肤炎症，还会对眼睛产生刺激。甲醛能引发过敏，还可诱发癌症。厂家使用含甲醛的染色助剂，特别是一些生产厂家为降低成本，使用甲醛含量极高的廉价助剂，对人体十分有害。因此，大家在购买衣服时一定要注意，新衣服购买后要至少浸泡半小时后洗涤晾晒后再穿。

　　35%~40% 的甲醛水溶液俗称福尔马林，相信大家对它都不陌生，福尔马林具有防腐杀菌性能，可用来浸制生物标本（图 5-3），给种子消毒等。甲醛具有防腐杀菌性能的原因主要是构成生物体（包括细菌）的蛋白质上的氨基能跟甲醛发生反应，使蛋白质凝固。在食品中添加福尔马林，可以起到漂白、凝固蛋白质和防腐保鲜的作用，但是对人体有害。此前有不法商贩在血旺中添加福尔马林，使其看起来鲜艳吃起来更软嫩，但是长期食用这样的毒血旺，对人体的危害巨大，因此，大家在购买食物时不要贪图其美丽的外表。不过，福尔马林也是广谱的种子消毒剂，对许多植物都有防治疾病的作用，对鱼类用浸洗、鱼塘泼洒、熏蒸的方法可以防治鱼病。在生物学中，福尔马林可以作为标本的保质媒介，通过将标本浸泡在福尔马林溶液中，阻隔外界的空气与之接触，达到了防腐保存的目的。

图 5-3　用福尔马林溶液制作的生物标本

甲醛污染

　　环境中甲醛的主要污染来源是有机合成、化工、合成纤维、染料、木材加工及制漆等行业排放的废水、废气等。某些有机化合物在环境中的降解也产生甲醛，如氯乙烯的降解产物也包含甲醛。由于甲醛有强的还原性，在有氧化性物质存在的条件下能被氧化为甲酸。例如进入水体环境中的甲醛可被腐生菌氧化分解，因而能消耗水中的溶解氧。甲酸进一步的分解产物为二氧化碳和水。进入环境中的甲醛在物理、化学和生物等的共同作用下，被逐渐稀释氧化和降解。

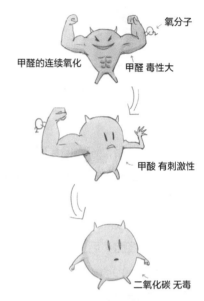

氧分子

甲醛的连续氧化　　　甲醛 毒性大

甲酸 有刺激性

二氧化碳 无毒

图 5-4　甲醛的氧化降解

　　甲醛的氧化降解（图 5-4）过程如下：

$$2HCHO+O_2 \rightarrow 2HCOOH$$

　　室内空气中的甲醛主要来源于装修材料及新的组合家具使用的人造木板（图 5-5），如胶合板、大芯板、中纤板、刨花板（碎料板）中的黏合剂。遇热、潮解时，黏合剂中的甲醛就释放出来。用作房屋防热、御寒的绝缘材料——泡沫，在光和热的作用下，老化后也可释放出甲醛。用甲醛做防腐剂的涂料、化纤地毯、化妆品、地板胶等产品，也可缓慢释放甲醛。每支香烟的烟雾中也含甲醛 20~88 微克。此外，还有少量甲醛来自室外的工业废气、汽车尾气及光化学烟雾等。

图 5-5　新装修的房间空气中存在甲醛污染

甲醛大家族——三聚氰胺和蜜胺塑料

　　三聚氰胺，化学式为 $C_3H_6N_6$，分子结构式见图 5-6，俗称蜜胺和蛋白精，

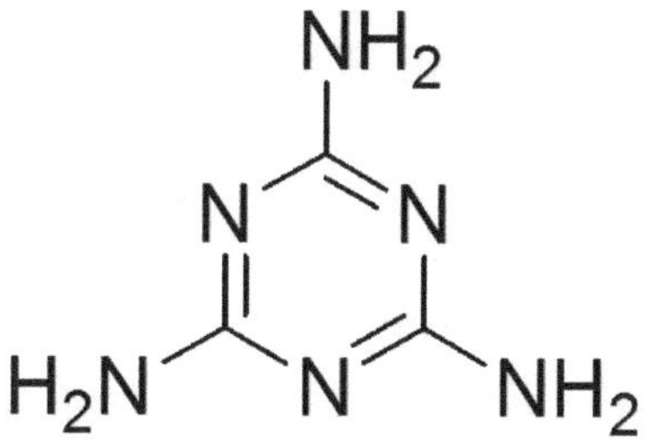

$$NH_2$$

图 5-6　三聚氰胺分子结构式

IUPAC 将其命名为 1,3,5- 三嗪 -2,4,6- 三胺。三聚氰胺是一种三嗪类含氮杂环有机化合物，常被用作化工原料。它是一种白色的粉末，为单斜晶体，几乎无味，微溶于水（3.1 克 / 升常温），可溶于甲醇、甲醛、乙酸、热乙二醇、甘油、吡啶等，不溶于丙酮、醚类，大量摄入对身体有害。

几年前某奶粉公司曝出的三聚氰胺毒奶粉案件震惊了中外，也让这个本不被关注的化合物被媒体广泛关注，并被大众所熟知。在奶制品中添加三聚氰胺，主要是为了提高产品的氮含量。蛋白质主要由氨基酸组成，其含氮量一般不超过 30%，而三聚氰胺的含氮量则高达 66% 左右。通用的蛋白质测试方法"凯氏定氮法"是通过测出含氮量来估算蛋白质含量的。因此，在产品中添加三聚氰胺会使得食品的蛋白质测试含量偏高，从而使劣质食品也能够通过食品检验机构的测试。若在植物蛋白粉和饲料中使测试蛋白质的含量增加 1%，用三聚氰胺的花费只有真实蛋白质原料的 1/5。并且，三聚氰胺作为一种白色结晶粉末，没有什么气味和味道，掺杂后不易被发现。

许多人看到三聚氰胺的"氰"就联想到号称毒品之王、《名侦探柯南》中的杀人利器氰化钾，认为三聚氰胺也是剧毒品。其实它的毒性并不如大家想象得那么可怕，三聚氰胺的急性毒性其实很轻微。动物实验的结果显示，经口三聚氰胺的半数致死量和食盐相当，对于成人来说相当于一次性需要服用 150~200 克。并且，还有证据显示，三聚氰胺在哺乳动物体内并不能被肝脏进行生物转化代谢，成年人摄入后并不会分解吸收，而是直接排出体外。

那么既然三聚氰胺没有肾毒性，为何它还是会造成肾脏衰竭并最终导致儿童死亡的呢？那是因为三聚氰胺呈弱碱性，可与多种酸反应，生成三聚氰胺盐，遇强酸或强碱水溶液水解，氨基逐步被羟基取代，先生成三聚氰酸二酰胺，进一步水解生成三聚氰酸一酰胺，最后生成三聚氰酸。而三聚氰胺与三聚氰酸一同摄入体内，就会产生很严重的后果。当三聚氰胺和三聚氰酸同时存在时，二者能够依靠分子结构上的羟基与氨基之间形成水合键，从而将二者连接起来。这种连接可以反复进行，最终形成一种难溶于水的网格结构。这种网格结构被摄入人体后，在胃酸的作用下解离，三聚氰胺和三聚氰酸分别被吸收。由于人体无法转化这两种物质，最终三聚氰胺和三聚氰酸被血液运送到肾脏，准备随尿液排出体外。然而，就在肾脏细胞中，两种物质又一次相遇，进行了相互作用后以网格结构重新形成不溶于水的大分子复合物沉积下来，形成结石，结果造成肾小管的物理阻塞，尿液无法顺利排出，使肾脏积水，最终导致肾脏衰竭。由于儿童的肾脏功能还未发育完善，代谢功能比较弱，因此，儿童食用了三聚氰胺后的危险性远大于成人。另外，考虑到儿童往往拿奶粉作为主食，每天都需要喝大量的奶制品，所以在奶粉中添加三聚氰胺的危险性就对儿童而言就非常大了。

其实，三聚氰胺在我们日常生活中的应用也十分广泛。三聚氰胺的英文为melamine，它是用于制造三聚氰胺甲醛树脂的原料，又称蜜胺甲醛树脂、蜜胺树脂，常用于制造日用器皿、板材、涂料、模塑粉、纸张等。所谓的美耐皿其实就是三聚氰胺英文的音译，一般指美耐皿树脂，美耐皿树脂主要由三聚氰胺与甲醛聚合制成，在日常生活我们经常能见到美耐皿树脂制成的餐具和器皿。这类器皿的物理性质非常类似陶瓷，坚硬不变形但又不像陶瓷那样易碎，价格也很低廉。因此，蜜胺塑料餐具又被称为仿瓷餐具，以其轻巧、美观、耐低温、耐煮、耐污染、不易跌碎等性能，被广泛用于快餐业及儿童饮食业等，深受广大消费者的喜爱，许多大学食堂的餐盘均为三聚氰胺甲醛树脂所制备。但是其耐高温耐酸性能有限，市面上美耐皿产品有两个等级，一级品可耐120℃的高温，但次级品的耐热温度只有80℃。刚煮熟的汤菜，立即置于次级美耐皿的餐具中，有可能会对美耐皿的结构造成伤害，因而释出三聚氰胺。而且美耐皿属"热塑性"塑胶，不可微波，如误将美耐皿置于微波炉中加热，可能会熔解，与食物混杂在一起，导致人体摄入可检出量的三聚氰胺。

因此，在日常生活中使用美耐皿制成的器皿时应注意它上面的标注，分类使用，最好不要将过热的食物和水盛放在其中。在清洗时也要注意，要用较柔软的抹布，不能用百洁布之类的坚硬抹布及去污粉等来清洁餐具的表面，因为百洁布、去污粉会擦毛餐具的表面，使之更容易受到污染。

走近甲醛——杀手是怎样炼成的

让我们重新把目光移回到甲醛的"凶恶"本性上来，看看它作为"杀手"的本领。单从吉野小姐的例子中，我们已经初探这位杀手"杀人于无形"的本事，但要在众多化学材料中脱颖而出，在"江湖上"混出名声可不是单单干一两票个案就能行的。为了证明自己的实力，一步一个脚印，杀手甲醛使我们生活的许多方面都暗藏杀机。

单单回顾近年来甲醛的作案情况，就已不得不让我们胆寒：装修业甲醛门（2010）、韩国乳业甲醛门、宜家甲醛门、达芬奇事件、家具行业甲醛危机（2011）、安信万科毒地板事件、甲醛蘑菇事件、甲醛白菜事件、奔驰甲醛事件（2013）。往前追溯，更有经典的啤酒甲醛门等惊心动魄的案件。这里我们通过一个案例带领大家领略甲醛的深厚功力。

2004年，北京的于先生和老伴张女士用四十多年的积蓄在朝阳区买了新房，本来是件十分欢喜的事，可装修后入住仅4天，老两口就从室内搬到了阳台上。这是为什么呢？原来入住后外孙就出现了严重的过敏反应，一进新房眼睛、耳朵、脸蛋就严重发红，只有到室外待小时才略微好转。因此，一家只有尽可能留在室外，甚至一天长达十几个小时。老两口也陆续出现了红肿、起疙瘩、脓包等症状。攒钱买房很艰辛，在北京攒钱买套房更是难上加难，可是辛苦了一辈子买来的房却不能住，有家不能回，着实令人扼腕叹息。

医院检查结果表明，一家人是甲醛过敏。检测发现，于先生放有家具的两间卧室空气中的甲醛含量超标三倍多。案例来源为央视《每周质量报告》（图5-7）。

图5-7 某房企毒地板事件

甲醛把我们的生活搅得如此不得安宁，究竟它有什么危害呢？归纳起来，长期处于甲醛浓度较高的环境中会对人体产生的影响有：皮炎、色斑、头痛、乏力、失眠、体重减轻、细胞坏死，甚至会造成新生儿畸形、生殖能力缺失等。在本集的《名侦探柯南》中，千惠搬入福冈的新家一个月，出现了经常容易晕厥的状况。柯南的判断是千惠患上了病态建筑综合征（SBS），是指发生在建筑物中的一种对人体健康的急性影响，会产生的不良反应有疲乏、头晕、头痛、呼吸不畅、气喘胸闷、咽干喉疼、眼干、鼻塞、流涕、流眼泪、感冒症状、耳鸣等。引起病态建筑综合征的明确原因尚不清楚，但来自室内的化学污染物以及有毒气体如甲醛等被认为是会引起病态建筑综合征的重要因素。

　　通常而言，室内空气中甲醛含量的国家标准为 0.1 毫克 / 米^3，超过这个浓度就会给人带来伤害。我们应该怎么判断甲醛浓度是否超标呢？有两种常用的方法，一种就是用便携式的甲醛检测仪，通过数字显示，快速判断空气中的甲醛浓度，另外一种就是使用甲醛变色试纸。用具有烯氨基酮基显色试剂的试纸润湿后放于存在甲醛气体的房间，在半小时左右试纸颜色由白色变为黄色再到深蓝色，可检出浓度为 0~1.6 毫克 / 米^3 的甲醛，试纸显色的灵敏度很高。而且，这种试纸的价格比较便宜，有了它，我们就可以方便地判断室内环境中的甲醛浓度是否超标了。

　　当然，甲醛也没有那么可怕，只要我们懂识别、勤防范，就能远离它的攻击范围，高枕无忧。接下来，我们就一起看看如何远离杀手、如何与杀手搏斗甚至如何消灭它吧！

去除甲醛的方法——珍爱生命，远离甲醛

　　"珍爱生命，远离甲醛"，已经成为现代人健康生活的口号之一。这里我们也提供了一些常用的方法，来帮助大家与这个杀手一较高下。

　　预防甲醛中毒的方法有很多，勤开窗勤通风自然是第一位的，也可以放置绿色植物，比如吊兰、龙尾兰、常春藤、芦荟、龙舌兰、非洲菊、绿萝等；可以在市面上购买内含纤维素的甲醛克星放置在家中或者购买除甲醛剂和空气净化喷雾等去除甲醛的喷雾剂在家中喷洒；在装修后也可以采用喷雾或者粉刷来遮盖释放甲醛的污染源，避免直接接触；运用化学法去除甲醛，可以采用纳米光催化技术，利用纳米光催化分解甲醛；或利用甲醛的强氧化特性来去除甲醛（图 5-8、图 5-9）。

吊兰　　　龙尾兰　　常春藤　　芦荟

图 5-8　能吸收甲醛的植物

图 5-9　不同预防甲醛中毒的
方法比较

活性炭广泛运用于室内空气净化、除甲醛等领域。它作为吸附除甲醛等毒气的材料缘起于第一次世界大战。1915 年德军发动了毒气战，向英法俄联军的阵地释放了氯气，致使 15000 人中毒，其中 5000 多人死亡。英法俄联军遭受毒气攻击后，三国组织化学专家到前线研究如何进行反毒气战。有人反映，在施放毒气的地区，看到有些猪用鼻子拱开泥土将嘴和鼻子埋在土中，最后都幸免于难。俄罗斯化学家尼古拉·泽林斯基（Nikolay D.Zelinskiy,1860—1953）则认为用泥土来吸附毒气的效果不会太好，因为会呼吸不畅，吸附性能也不好。突然间，他想到木炭具有良好的吸收气体的能力，而且对多种气体都有效。

1917 年，泽林斯基用木材、硬果壳（如椰子壳、核桃壳）等作为材料，在隔绝空气的条件下,800~900℃的高温加热处理（即高温干馏），其中的纤维素和木质素都已经转化为炭，水分及许多挥发性物质不断逸出，在炭中留下了无数的空隙，最后得到了一种质轻、疏松、多孔、吸附能力极强的炭，俗称活性炭。活性炭呈颗粒性或者粉末状，内部有大量的空隙，有大量的空间可用于容纳各种有害气体，其吸附物质的总量可以达到或者接近自身的质量！泽林斯基利用活性炭制备了防毒面具，外界的空气可以通过其中的活性炭过滤以后再供人呼吸用。这种防毒面具大量生产后用于装备军队，在后续的战争中拯救了无数士兵的生命。在现阶段，活性炭的运用也广泛进入民用领域，如净化水，作为脱色剂、除臭剂等，除甲醛等室内有害气体的功用只是其中之一。在活性炭的研发基础上，徐海等人利用活性炭制备了可作为工艺品的金乌炭雕以及使用多孔吸附材料制备的智能壁材，用于室内的空气净化，可以很好地去除甲醛。

近期，网络上流传使用熏艾草，放菠萝、洋葱等方法来去除甲醛，但根据相关检测，实际上甲醛的浓度并没有降低。关键在于上面提供的办法均具有一定的气味，这样的气味能掩盖甲醛本身的刺激性气味。虽然没有甲醛的气味了，但是甲醛仍然存在，并没有消失，仍然是对人体有害的。上述几种方法是属于治标不治本或者干脆属于掩耳盗铃的方法，大家千万不要去学！

防患于未然固然重要，但如果一不小心中了甲醛的招，我们也要学会紧急处理应对的方法。若不慎接触甲醛时可以用清水冲洗，工作环境中有甲醛可以戴防毒口罩。家庭装修时尽量不要使用太多的装饰。

若不慎甲醛中毒，应立即送至医院就医，保持呼吸道通畅，避免活动加重病情。知己知彼，百战不殆，我们平时就要多积累化学知识，事发当时也就能从容不迫！

看基德炫魔术

活性炭可以吸附甲醛从而除去这些有害气体分子，但是甲醛是看不见摸不着的，我们如何直观地判断这样的吸附过程呢？

红糖变白糖

魔术名称：红糖变白糖

魔术现象：经过操作后，红糖变为白色。

魔术视频：

扫一扫，看视频

追柯南妙推理

园子与京极真新婚，住进新家，难以掩饰心中的喜悦。刚开始的一段时间一切正常，除了天气略冷，门窗不常开。

可是不久之后，每天清晨起床，园子总是感到恶心想吐。一开始京极真认为园子怀孕了，心里很高兴。不久，去医院做了检查，没有怀孕，回家后过了几天，园子开始头晕，身体乏力，吓坏了京极真，赶紧再次去检查，可是仍然没有结果。

丈母娘心疼女儿，带着园子回家住了几天。谁知到了自己的家，园子完全没有反应，身体很好。京极真也在这时了解了真相。真相到底是什么呢？

跟灰原学化学

大家还记得黑心的吉野明夫（吉野千惠）先生吧？当他被抓获后，警方为了快速去除他喷在吉野小姐车上的大量甲醛液体，使用清洁喷雾法进行处理。喷雾里含有的成分为二氧化氯，二氧化氯对甲醛进行氧化，氧化后成为甲酸，就起到了去除甲醛的作用。平时我们在实验室中，可通过双氧水和氯酸钾中和反应制得缓释的二氧化氯。现在，就请你将使用双氧水和氯酸钾制得二氧化氯，再用制得的二氧化氯氧化甲醛这一过程的化学方程式写出来吧！

_____

_____

听博士讲笑话

你幸福吗？

由于要建设美丽中国、幸福中国，所以记者多次在街头采访路人，常见的模式是这样的。

记者：你幸福吗？

路人：我不姓福啊，我姓赵……

当记者采访甲醛时也有了类似的对话。

记者：你幸福吗？

甲醛说："嗯，我姓福。"

注：甲醛的35%~40%水溶液即大名鼎鼎的福尔马林，英文名为formaldehyde，因此是以"福"开头的。

推理解答、习题答案

【推理解答】

新房经过装潢，里面藏着很多的甲醛，加上天气太冷，门窗不常开，导致甲醛无法挥发。妻子属于甲醛中毒。

【习题答案】

$$H_2O_2 + KClO_3 \rightarrow KCl + H_2O + ClO_2$$

$$ClO_2 + HCHO \rightarrow H_2O + CO_2 + HCl$$

魔术揭秘

魔术真相：红糖中含有一些有色物质，活性炭具有很强的物理吸附作用。在红糖的溶液中加入活性炭，将红糖中的有色物质吸附，经过过滤、浓缩、冷却，便可成为白糖。

扫一扫，看视频

实验装置与试剂：红糖，活性炭，加热装置，过滤装置。

操作步骤：称取部分红糖放于烧杯中，加入些许水，加热使红糖溶解，加入 1 克左右的活性炭，直至无色为止。过滤，将滤液进行蒸发浓缩。

危险系数：☆☆

实验注意事项：加热蒸发浓缩时，溶液体积减小为原溶液体积的 1/4 时，停止加热。

6

破解神秘公寓与奔腾的血水：变色反应

——《幽灵鬼屋的真相》

跟小兰温剧情

　　在上个章节里，我们了解到可以通过变色试纸来判断室内装修中常见的有害气体甲醛的浓度，这里运用到了甲醛的变色反应。实际上，许多化学反应的重要特征就是随着化学反应的发生，有着各种颜色的变化。在《名侦探柯南》动画片《幽灵鬼屋的真相》剧集里也介绍了一些变色反应，现在我们就去了解一下吧。

　　有关剧情内容在鬼火的章节已经提及，这里的重点是毛利小五郎上厕所冲洗马桶的时候发现原本无色的自来水瞬间变成了红色的血水后，结合前后发生的一系列诡异事件，如窗外人影形状的熊熊燃烧的绿色鬼火，电视自动开启屏幕里出现的女鬼等，这些都让人不寒而栗，对公寓闹鬼深信不疑。但实际上，鬼怪是不存在的，这些只是别有用心的人掩盖真相的花招。柯南借毛利小五郎之口缓缓地道出了事实的真相：厕所里面那奔腾的血水其实很简单，初中化学知识便可以轻松解决，这就是按动马桶开关的过程中，酸碱指示剂酚酞与碱性物质氨水相接触，酚酞由无色瞬间变为红色。

扫一扫，观看本章
网络 MOOC 视频

　　而我们今天要进行讨论的内容"变色反应"，就需要从酚酞开始讲解。

跟光彦学知识

酚酞的变色

酚酞（图6-1）是一种很常见的化学物质，常常被用来检验物质的酸碱性。而氨水则是氨气的水溶液，是一种碱性溶液，遇到酚酞之后就会变成红色，氨气则是厕所里很常见的气体之一。因此，如表6-1所示，在马桶的水箱中加入酚酞，然后在冲水的时候，酚酞与氨水相遇，则会变成红色，再配合马桶里水的流动，看起来就特别像是奔腾的血水。酚酞遇碱变色原理见图6-2。

酚酞是一种弱有机酸，分子式为 $C_{20}H_{14}O_4$ 在 pH<8.2 的溶液里为无色的内酯式结构，当 pH>10 时为红色的醌式结构，在 pH<0 的强酸性溶液中则显示橘红色，是一种常用的酸碱指示剂。这里结合上面的内容介绍几个相关的概念，对于本章内容的理解也是很重要的。

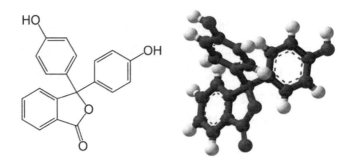

图6-1　酚酞的分子结构式（左）和球棍模型（右，其中红球为氧原子）

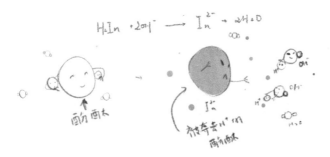

图6-2　酚酞遇碱变色原理

表6-1 酚酞在酸碱中的结构变化（In=C_{20}H_{12}O_4）

种类	H_3In^+	H_2In	In^{2-}	$InOH^{3-}$
结构	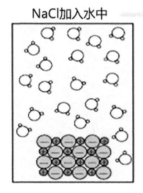			
pH 值	<0	0~8.2	8.2~12.0	>12.0
条件	强酸	酸性~近中性	碱性	强碱
颜色	橘红色	无色	粉红~紫红	无色
现象	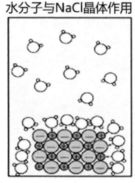		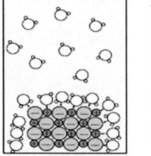	

关于酸碱，在化学界有很多定义，不同的定义方式在分类上有很大的区别，应用的领域也不同。结合我们今天要探讨的内容，这里我们选取一种很简单普适的酸碱定义方式：能够电离出氢离子（H^+）的为酸，能够电离出氢氧根离子（OH^-）的为碱。所谓电离，就是指电解质（能够电离的物质，两者的概念相辅相成）产生自由离子的过程。而我们所熟知的水（H_2O）则是一种中性物质，电离的时候产生两种离子，即 $H_2O \rightleftharpoons H^+ + OH^-$（电离的同时产生等量的氢离子和氢氧根离子）。酚酞属于一种弱酸，而氨水属于一种弱碱。NaCl（强电解质）在水中完全电离，没有电离出 H^+ 或 OH^-，因而为中性物质（图6-3）。

NaCl加入水中 水分子与NaCl晶体作用 NaCl溶解并电离

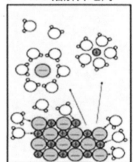

图6-3 NaCl 溶液的电离

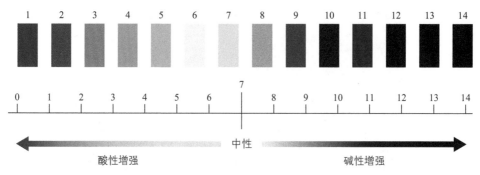

图6-4 不同pH值所对应pH试纸的颜色

pH值是指氢离子浓度（H）的常用对数的负数（p）。如果 $a^x=N$（$a>0$，且 $a \neq 1$），那么数 x 叫作以 a 为底 N 的对数，记作 $x=\log_a N$。其中，a 叫作对数的底数，N 叫作真数。且 $a>0$，$a \neq 1$，$N>0$。而常用对数又称"十进对数"，是以10为底的对数，用记号"lg"表示。如 $\lg A$ 表示以10为底 A 的对数，其中 A 为真数。常温下（25℃），氢离子浓度指数一般在0~14之间，当它为7时溶液呈中性，小于7时呈酸性，值越小，酸性越强，大于7时呈碱性，值越大，碱性越强。水呈中性，pH=7。常用pH试纸来测取pH值，1~14每个整数值对应不同的颜色（图6-4）。这也是刚刚介绍的酸碱理论常用来检测酸碱的方法。

酸碱指示剂

用于酸碱滴定的指示剂，称为酸碱指示剂，是一类结构较复杂的有机弱酸或有机弱碱，它们在溶液中能部分电离成指示剂的离子和氢离子（或氢氧根离子），并且由于结构上的变化，它们的分子和离子具有不同的颜色，因而在pH值不同的溶液中呈现不同的颜色。至于显示出不同颜色原因，在下面会进行深层次的解释。上面提到的pH试纸，也是应用了这个原理。

常用的指示剂，除了刚刚介绍过的酚酞之外，另一种就是石蕊试剂了。石蕊的性状为蓝紫色粉末，是从地衣植物（图6-5）中提取得到的蓝色色素，能部分地溶于水而显紫色。石蕊分子式为 $(C_7H_7O_4N)_n$，变色范围是 pH=4.5~8.3。酚酞的指示作用是"酸无碱红"，即酸性环境下不显示颜色，碱性环境下显示出粉红色。而石蕊的指示作用并不相同，是"酸红碱蓝"。并且，石蕊在中性环境下，显示出

图6-5　石蕊地衣

图6-6　红色石蕊试纸（左）与蓝色石蕊试纸（右）

一种很好看的紫色，因此，又常常被称为紫色石蕊试剂。但是由于从紫色到蓝色这样的颜色过渡并不是特别明显，人眼对其不太敏感，因此，在使用上并没有酚酞的适用范围广。当然，石蕊还有另外的作用，就是做成石蕊试纸。常用的石蕊试纸有两种颜色，红色石蕊试纸和蓝色石蕊试纸（图6-6）。酸性溶液使蓝色试纸变红，碱性溶液使红色试纸变蓝。这是因为，石蕊是一种弱的有机酸，在酸碱溶液的不同作用下，发生共轭结构的改变而变色。也就是说，在溶液中，随着溶液酸碱性的变化，其分子结构发生改变而呈现出不同的颜色变化。

　　而说到酸碱指示剂的发现，其实也是科学家们善于发现、勤于思考、勇于探索的结果。三百多年前，英国年轻的科学家罗伯特·波义耳在化学实验中偶然捕捉到了一种奇特的实验现象。一天清晨，波义耳正准备到实验室去做实验，一位花木工为他送来了一篮非常鲜美的紫罗兰，喜爱鲜花的波义耳随手取下一支带进了实验室，把鲜花放在实验桌上开始了实验。他从大瓶里倾倒出盐酸时，一股刺鼻的气体从瓶口涌出，倒出的淡黄色液体冒着白烟，还有少许酸沫飞溅到鲜花上。他想"真可惜，盐酸弄到鲜花上了"。为洗掉花上的酸沫，他把花用水冲了一下，一会儿发现紫罗兰的颜色变红了，当时波义耳感到既新奇又兴奋，他认为，可能是盐酸使紫罗兰的颜色变为红色，为进一步验证这一现象，他立即返回住所，把那篮鲜花全部拿到实验室，取了当时已知的几种酸的稀溶液，把紫罗兰花瓣分别放入这些稀酸中，结果发现完全相同，紫罗兰都变为红色。由此他推断，不仅是盐酸，而且其他各种酸都能使紫罗兰变为红色。他想，这太重要了，以后只要把紫罗兰花瓣放进溶液，看它是不是变红色，就可判断这种溶液是不是酸。偶然的发现，激发了科学家的探求欲望，后来，他又弄来其他花瓣做试验，并制成花瓣的水或酒精的浸液，用它来检验是不是酸，同时用它来检验一些碱溶液。

他还采集了药草、牵牛花、苔藓、月季花、树皮和各种植物的根……泡出了多种颜色的不同浸液，有些浸液遇酸变色，有些浸液遇碱变色，不过有趣的是，他从石蕊苔藓中提取的紫色浸液，酸能使它变红色，碱能使它变蓝色，这就是最早的石蕊试液，波义耳把它称作指示剂。为了使用方便，波义耳用一些浸液把纸浸透、烘干制成纸片，使用时只要将小纸片放入被检测的溶液，纸片上就会发生颜色变化，从而显示出溶液是酸性的还是碱性的。今天，我们使用的石蕊试纸、酚酞试纸、pH试纸，就是根据波义耳的发现原理研制而成的（图6-7）。后来，随着科学技术的进步和发展，许多其他的指示剂也相继被另一些科学家所发现。

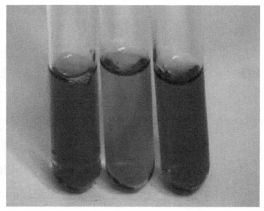

The How. Robert Boyle　　石蕊试剂（右）、遇酸变红（左）、遇碱变蓝（中）

图6-7　罗伯特 · 波义耳和他发现的石蕊试剂

在有关 APTX4869 以及炼金术的章节里，我们曾提到牛顿被称为最后一个炼金术士。紧承牛顿的工作，正是由于酸碱指示剂等一系列重要的化学发现，波义耳使化学正式脱离了古典的炼金术，意义重大。波义耳也被称为第一个化学家，他的鸿篇巨著《怀疑派的化学家》也被称为经典的化学著作之一。

变色反应

魔术师经常通过一些细小的动作让你眼前的物体突然变了一个颜色，就像《名侦探柯南》里闹鬼公寓奔腾的"血水"一样。其实这都是运用了变色反应的原理。

变色反应属于一类化学反应，即发生了颜色变化的化学反应。所谓化学反应，就是有新的物质生成的反应，并且常常伴随着光和热，这是因为物质的变化产生了能量的变化。而发生变的原因，则是因为产生了新的物质，这种物质的颜色就是变出来的颜色了。那么不同的物质为什么会带有不同的颜色呢？接下来我们从宏观和微观两个方面进行分析。

从宏观上来看，我们知道，任何物质都不可能将光完全吸收，除了理论黑体（能够吸收所有的光辐射，仅是一种理论状态）。对于不透明的物体而言，如果能吸收所有的可见光，则显示出黑色，如果能反射所有的可见光，则显示出白色，即反射什么光显示出什么颜色。对于透明物体而言，则与它能吸收或者说可以透过的光的颜色有关。当然，这些性质都是由物质的微观性质决定的，所以下面我们就从微观的角度进行解释。

首先，我们要来弄清楚化学反应的最小微粒（原子）的结构。若将原子视作一个闭合的球形空间，那么在球的中心很小的一点就是原子核，原子与原子核的大小关系大概相当于鸟巢和鸟巢中的一只蚂蚁，但这只蚂蚁却几乎拥有整个鸟巢的重量。而原子内除去原子核之外，几乎都是空的，只有零星的电子围绕着原子核高速旋转。而这些电子是有确定轨道的，不同轨道上的电子具有不同的能量。能量最低的轨道我们称为基态，而能量比基态高的轨道我们称为激发态。物质吸收光之后，所得能量使得电子跃迁，由基态变为不稳定的激发态，激发态返回基态释放能量，以光子的形式使能量逸出，不同物质逸出光子的波长不同，所以显示不同的颜色（图6-8）。

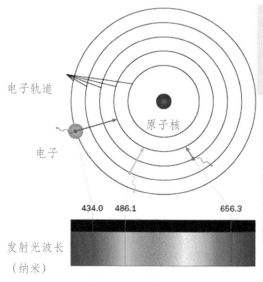

若有一个电子开始时处于基态，若没有光子接近它，则它将保持不变，只有当光子能量等于某个能级减去基态的能量差时，电子才会跃迁到该激发态能级，处于激发态的电子是不稳定的，它会自发地跃迁到低能级轨道，同时释放出光子

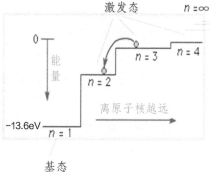

电子从外轨道进入内轨道会释放出能量

氢原子模型

图6-8　用量子力学以及原子轨道理论解释物体的颜色

变色反应的实例

变色反应在生活和研究中都有很多的应用，下面我们就通过几个实例来进一步认识变色反应。

由于物质在发生变色反应的时候，会由一种颜色变成另一种颜色，这种肉眼可见很明显的现象常常被用来检验试剂，例如《名侦探柯南》中常用于检验血液的鲁米洛试剂就是其中的一种。这里我们要介绍的变色反应也是生成了一种血红色的溶液。铁原子失去三个电子之后，就成为了铁离子，溶解在水中，这种溶液呈黄褐色。这时，我们往铁离子的水溶液中加入一种名为硫氰酸钾的物质。说到硫氰酸钾，是不是觉得很熟悉呢？不知道你是否还记得《名侦探柯南》中常用的"毒药之王"氰化钾呢？在《金融公司社长杀人事件》中，杀人凶手曾利用清洁剂硫代硫酸钠清除氰化钾的痕迹（详见清洁用品章节），这个反应就是氰化钾可在硫代硫酸钠的作用下生成硫氰酸钾。值得一提的是，多了一个硫之后，氰化钾的性质发生了很大的改变，硫氰酸钾不再是那种能够迅速致命的毒药了。而铁离子与硫氰酸钾相遇之后，

图 6-9 三价铁离子与硫氰酸根反应生成血红色液体（可用来鉴定三价铁离子）

则会迅速反应，生成血红色的硫氰酸铁（图 6-9）。这种血红色与酚酞加氨水变成的红色相比，显然更像血液。因为这种特异的反应，在检测不知名的溶液时，若能与硫氰酸钾结合产生血红色，则能够证明溶液中存在铁离子。

　　下面两个实例则是与我们的日常生活比较贴近的东西了。首先要接受的就是淀粉与碘的变色反应了。有兴趣的话可以将家里的剩饭盛出一小块，然后往上面滴加少许的碘酒，你会发现，与碘酒接触的米饭都变成了蓝色。这是因为米饭中含有大量的淀粉，而淀粉与碘接触之后，就会变成蓝色。这是为什么呢？要解释这个问题，要先从淀粉的结构讲起。淀粉是由葡萄糖大量聚合而成的环状螺旋物质，在这些环状螺旋结构的中间，存在着大量的空隙，碘与淀粉接触之后，碘的分子能够钻入这些空隙中，与淀粉结合，生成一种新的物质——淀粉—碘配合物，而这种物质显示出蓝色，这就是淀粉与碘变成蓝色的原因了（图 6-10）。

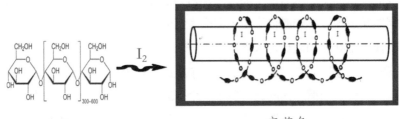

图 6-10 淀粉遇碘变蓝的原因

让我们通过如图 6-11 所示的小实验验证一下唾液对淀粉的作用吧！

接下来要介绍的则是我们平时很常见的一种现象——苹果"生锈"。新鲜的苹果切开之后，果肉往往呈现出比较光鲜的颜色，看上去会很有食欲。可是切开的苹果放置一段时间之后，表面往往会变成让人看着就不舒服的棕黄色，甚至在吃的过程中有些果肉就变成了这种颜色，这就是我们所说的"生锈"了（图6-12）。很显然，这是因为在苹果的表面发生了变色反应，才导致了这种现象。我们知道，苹果的果肉中含有较为丰富的铁元素，而这些铁元素与空气结合之后，会被迅速氧化，变成铁的氧化物（也就是我们平时说的铁锈的主要成分），这种铁的氧化物呈现出黄棕色，因此，使苹果的表面看起来就像生锈了一样。当然，如果从生锈的定义（金属被氧化）来看，确实可以说是苹果生锈了。那么，有没有方法可以防止这种现象呢？

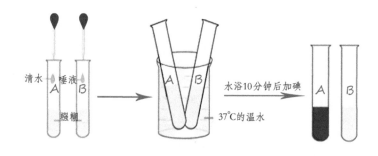

因为唾液将淀粉分解成了麦芽糖，麦芽糖不会与碘发生变色反应

图 6-11 验证唾液对淀粉的分解（糨糊：淀粉加水熬成糊状）

图 6-12 苹果生锈

其实，在我们知道"生锈"的原因之后，要防止苹果变色就很简单了，只要不让果肉与空气中的氧气接触就好了。水自然是一种很好的隔绝空气的物质，但是水中依然能够溶解微量的氧气，而苹果中的铁对氧气非常敏感，因此，需要在水中加入少量食盐，就能较长时间地使切开的苹果表面保持光鲜亮丽了。

染发

说到《名侦探柯南》中关于变色反应应用最多的地方，那就一定要说到各个人物各色的头发了：工藤新一和毛利兰的黑色，灰原哀的茶色，小泉红子的红色，白马探的棕色，冲矢昴的粉色，更加有趣的是琴酒从早期的金色变成了后期的银色。

通常东方人的黑色头发主要来源于黑色素。黑色素是一种高分子聚合物，它是由人体中的络氨酸经过一系列氧化反应转化为吲哚类单体后发生聚合而成的，吸收几乎所有的可见光，因此，东方人的头发多为黑色。西方人的头发颜色则更多样，最著名的头发颜色是金色。一提到金发美女，我们第一时间往往想到的是美国的性感女神玛丽莲·梦露了，她那金发飘飘的翩翩身影已经成为一个时代的标志。其实梦露的金发并不是天生的，她的金发与她的名字一样都经过了变动。她最初的名字叫作诺玛·珍·贝克，头发也是棕色的。由于人们对金发女郎的迷恋，玛丽莲·梦露采用双氧水处理后把头发染成了金黄色并迅速在全世界走红。

随着科技的发展，发色早已不是根据遗传而一成不变的了，染发技术的出现使得人们在追求爱美的道路上又向前迈进了一大步。如今染发已经成为时尚，年轻人可以随心情改变头发的颜色，配合服饰和妆容，充分显示自己的个性；而中年人由于不断长出白发而不得不频繁地染黑。染发的频率高了，肯定有损头发，甚至有损身体的健康，应该减少染发对身体的损害。

目前被广泛使用的染发剂大多是合成染发剂，它是利用一些氧化剂将头发中的黑色素氧化，逐步漂白，达到需要的颜色。前面提到过头发的颜色与黑色素有很大的关系。随着头发中黑色素的逐步减少，头发的颜色也逐步发生变化：黑色→棕色→红色→金色→白色。理论上，各种颜色的头发均可通过在头发漂白后染上相应的颜色而实现。黑色染发剂为对苯二胺类染发剂，如果需要染金黄色，那么就可以采用邻磺酸对苯二胺了。大部分合成染发剂所使用的主材料，也就是氧化剂，是我们所熟悉的一种物质——双氧水。浓度较高的双氧水确实对人体的刺激比较大，但是作为直接作用在脑部的染发剂，双氧水的浓度已经调整到了一个对人体刺激很微小的低浓度水平。因此，合成染发剂本身对人体的危害并不大，更加不会产生致癌的效果。与无机染发剂不同，合成染发剂对人的危害主要来源于各种过敏反应。不同的人对于不同的物质有不同程度的过敏反应，从本质上来说，过敏是属于一种机体自身的保护机制，即免疫。但若免疫现象过于强烈，则可能影响正常的生理功能，也就是过敏。合成染料中含有各种物质，对于人体而言，这些外来物质很有可能成为他们的过敏源，引发剧烈的过敏反应。因此，在使用染发剂之前，一定要进行皮肤测试，检测是否有过敏反应。

尽管不论什么染发剂对人体都有一定的危害，但在这个追求美的时代，人们对染发还是有着一定的需求的。所以在这里，我给想去染发的人提出几点建议。首先请记住，任何形式任何材料的染发都是对身体有害的，但是你可以根据自己的个人生理状况选择对自己危害最小的一种染发剂；染发之前务必进行皮肤测试，就像打青霉素等抗生素需要进行皮试是一个道理，过敏反应是非常严重的；染发之后不要使用酒精类的洗发剂（也就是乙醇类的洗发剂，在洗发剂的成分中能够看得到），以免破坏染发的效果；一般染发之后，随着新发的不断生成，染发的效果会逐步消失，但是请不要在三个月内反复染发，这样对身体的危害很大；最后一点，请去正规的美发沙龙染发，不管怎样，一分钱一分货，使用条件允许的更好的染发剂对身体的危害自然是更小的。

现在的发型千变万化，人们对美发的需求也越来越多，因此在最后我想说一点个人的意见：现在各色的发型确实丰富了我们的视线，也美丽了我们的生活，但是我依然觉得，对于很多东方女性而言，黑长直依然是最美的发型。

在本文的最后，我想引用《名侦探柯南》中基德和柯南的一段对话。

基德：魔术师用梦想拼凑出华丽的世界，无论是天空还是海洋，都是蓝色的；

柯南：如果只沉溺在梦想中是看不清真相的，因为天空的蓝色是散射，海洋的蓝色是反射，池塘中的水不是蓝色就是最好的证据；

基德：怪盗是富有创造力的艺术家，侦探只会跟在怪盗身后吹毛求疵，充其量不过是个评论家罢了。

引用这段话并不是想评论怪盗或者侦探谁对谁错，只是想说明，不同的事物在不同人手中有着不同的作用。同样的变色反应，可以被人设计成闹鬼公寓掩饰一些不为人知的真相，也可以被人用来进行科学研究。在这个纷繁错杂的世界，只要坚守住自己一直珍藏的梦想，就能沿着自己所想要的轨迹一直走下去，最终绽放出芳华，初心还在这，又怕什么呢？

看基德炫魔术

　　不同金属离子在燃烧作用下可以显示出不同的颜色，但是在古代科学不发达的时候，有些江湖术士就利用一些这样的把戏来进行坑蒙拐骗的，例如下面的魔术，术士们就可以说，绿毛鬼被火烧死了。

绿毛鬼被烧死

魔术名称：绿毛鬼被烧死

魔术现象：黑暗中火焰呈绿色。

魔术视频：

扫一扫，看视频

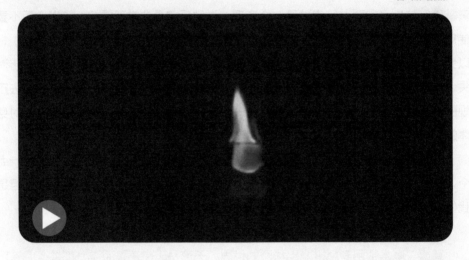

 追柯南妙推理

　　铃木老爷收藏着一幅珍贵的好画，价值连城。他逢人就夸，作为炫耀的资本。

　　一天，有三位古董商来访，铃木老爷把三人迎入珍藏室，只见古玩陈列架上端端正正地放着一只檀木珍宝箱，健谈的主人边介绍边打开箱子，那幅名画使来客们赞不绝口。随后，主人合上珍宝箱，用一张涂满糨糊的白色封条封好，然后邀请三位来客到客厅叙谈。

言谈间，铃木老爷发现三位来客有一古怪的巧合——三个人的右手指上都有点小小的毛病：A的食指也许是发炎，涂上了紫药水；B的拇指明显是被划破，涂上了红药水；C的拇指大概被毒虫咬肿，搽上了碘酒。

叙说的气氛是热烈的，尽管三位来客先后离席外出小解，但回到客厅后，依旧是谈笑风生。

宾主谈兴正浓，铃木老爷的女儿——铃木园子回家。经介绍，园子与三位来客一一握手寒暄。随后，让铃木老爷带着她去看一下古画。当铃木老爷撕下湿漉漉的白色封条，打开箱盖时，突然发现古画不见了。这一惊非同小可，他只喊了一声"我的画"就浑身瘫软了。沉着机灵的园子唤醒父亲，问明经过，然后安慰他说："爸，别急！事情终能水落石出。"

园子扶着父亲来到客厅，把名画失窃的事向三位来宾说明，然后风趣地说："尊敬的先生们，这古画不会是飞到你们身上了吧？"

三位来宾耸耸肩膀，双手一摊，异口同声地说："我的上帝！这绝不可能。"

园子犀利的目光从三人的手掌上一扫而过，然后指着其中一位对父亲说："盗窃古画的就是他！"

聪明的读者，您可知道园子所指的"他"是谁吗？

 跟灰原学化学

本题是颜色最多的化学习题，大家看看该怎么解答吧！

有一种白色固体A，加入油状无色酸性液体B，可得紫黑色固体C，C微溶于水，加入A之后大量溶于水形成棕色溶液D，向D中加入无色溶液E，棕色褪去，E与B混合得到淡黄色沉淀F。试写出ABCDEF所代表的物质。

73

听博士讲笑话

闻试剂

在本章节的《幽灵鬼屋的真相》中奔腾的血水其实是酚酞遇到碱性的氨水而变色的缘故。由于人体消化吸收蛋白质的组成成分氨基酸后可能分解出氨气，因此厕所内常常有氨气的臭味。初三化学课，讲关于化学实验操作，如何闻化学气体。老师拿出一瓶氨水，问同学们："谁想上来闻闻这个试剂？"只见第一排一长得可爱的男同学冲上讲台，兴高采烈地打开瓶盖，对着瓶子猛吸一口气，瞬时面部扭曲。化学老师当即指着他哈哈大笑，说"他刚刚相当于吃了一万个屁，哈哈！"这位男同学当场石化……接着老师淡定地给同学们演示了如何闻化学试剂……

 # 推理解答、习题答案

【推理解答】

园子在见到 C 的拇指呈现蓝黑色时便果断地指着 C 说："盗窃古画的就是你！"因为封条上的糨糊未干，假如是 A 或 B 两人动过封条，那么手指上的药水在碰到涂糨糊的白纸条时，纸条上必然会留下紫色或红色的痕迹。现在园子既然在纸上没有发现任何痕迹，说明封条贴上后不久，就被 A、B 之外的人完整无损地动过。然而只有当碘酒涂过的手指与糨糊接触时，使原来的黄色反应后呈蓝色。所以园子见到他们手指的一瞬间，便作出了断定。

【习题答案】

此题主要考察的是对各类物质颜色及反应的掌握，A:KI；B:H_2SO_4；C:I_2；D: KI_3；E: $Na_2S_2O_3$；F:S。

魔术揭秘

扫一扫，看视频

魔术真相：喷出的溶液为硫酸铜溶液，铜的焰色反应为绿色，因此溶液经过火焰时呈现绿色火焰。

实验装置与试剂：烧杯，无水乙醇（酒精），硫酸铜。

操作步骤：取适量的硫酸铜溶于水中配置硫酸铜溶液，将硫酸铜溶液装入喷壶中，向火焰喷射硫酸铜溶液。

危险系数：☆☆

实验注意事项：酒精极易燃，实验中需要燃烧酒精，小心使用，以免出现火情。

7

千面魔女贝尔摩德青春 永驻的奥秘：易容与化妆

——《米花町斜顶阁楼之家》

跟小兰温剧情

在上个章节里，我们了解到《名侦探柯南》中各个人物有着个性鲜明的各种颜色的头发。头发颜色的改变是可以通过染发这种途径来实现的。化妆护肤等美容手段已经成为广大现代女性所必备的技能。

也有句这样的笑谈：女人梳妆打扮后如果认得出来就叫化妆，如果认不出来就叫乔装。化妆与乔装确实有着许多共同之处。在《名侦探柯南》动画片《米花町斜顶阁楼之家》剧集里，我们就一起去看看乔装易容以及化妆的趣事吧。

步美在家附近发现了一栋新建的很可爱的房子，便约着少年侦探团一起去参观。参观的时候发现从这栋房子阁楼的天窗可以看到毛利侦探事务所的一部分。房屋的主人是一对七十多岁的老夫妇。但是那栋房子的楼梯设计得比较陡，并不适合老人居住，带着疑点的少年侦探团便去拜访了这对老夫妇。

正巧这时那位老爷爷准备出门，他看到柯南他们来了，便用手撑地站了起来，然后出门了。这时老太太的眉头皱了一下。这些都被柯南看在眼里了。老太太说年轻时一直想住这样的房子，而且儿子就住在附近，所以就买下了这栋房子。闲聊了一会，侦探团满意地回家了。

但是柯南仍然满怀疑惑，第二天，便坐着阿笠博士的车跟踪那位老爷爷，结果险些丧失性命。后来，柯南发现之前认识的那个房屋里的老太太，竟然在偷拍事务所的一举一动，目标究竟是小五郎还是柯南？这天晚上，柯南正趴在桌子上睡觉，突然一名银色长发的黑衣男子手持手枪走过来，"啪"地一声枪响了。

只见那位老太太连忙跑到事务所大喊"新一"。原来，这对老夫妇是柯南的父母易容假扮的，想要看看柯南生活得好不好，而黑衣男子是阿笠博士和柯南串通好之后假扮的，目的就是让柯南的妈妈看到后跑过来救柯南，所以最后他们中计而穿帮。原来柯南早就发现了可疑之处，因为老人家为了显示自己身体好，在外人面前是不会用手撑地站起来的。如果说不是这个地方露馅的话，相信就高超的易容技术来看是很难发现的吧。

《名侦探柯南》中有着三大易容高手，知道他们分别是谁吗？在看了上面的剧情之后，相信你已经知道第一位易容高手是谁了吧！没错，第一位易容高手就是柯南的母亲，也就是工藤有希子。

工藤有希子

原名藤峰有希子，著名女演员，工藤新一的母亲。拥有天使的脸孔和天才横溢的演技，但20岁就退出影坛，后嫁给工藤优作，现定居美国洛杉矶，擅长易容和模仿，与美国女星莎朗·温亚德（贝尔摩德）是朋友。

怪盗基德

在宝石的章节里我们曾重点提到。如今的怪盗基德即为黑羽快斗，其父黑羽盗一在8年前的魔术表演中失踪。因快斗意外发现家中密室，得知父亲就是曾活跃一时、8年前销声匿迹的怪盗基德，同时怀疑父亲并非死于演出意外，而是被人谋害。为了追查父亲死因的真相而继承父亲怪盗的身份，以此引出犯人。他是一个充满传奇色彩的怪盗，专门以珠宝为目标的超级盗窃犯。

贝尔摩德

在APTX4869章节里曾经重点提到，她是黑衣组织的重要成员，真实身份是美国女星莎朗·温亚德。因某种原因恢复年轻，而后对外宣称为莎朗的女儿克丽丝·温亚德，擅长易容，头脑好，枪法高明，在组织中负责收集重要的情报，还是组织首领所欣赏的人。曾变装成新出医生，得知灰原哀的身份，准备除之。早年与工藤有希子在黑羽盗一（第一代怪盗基德）门下学习易容，成为朋友，曾易容为杀人魔后被新一、小兰救下。知道柯南真实身份的人之一，认为他是可以深入组织的"银色子弹"，似乎期待他摧毁组织一样而没有上报组织。

 跟光彦学知识

现代易容术

在《名侦探柯南》中，易容高手们各种易容术的使用可谓出神入化。工藤有希子几次易容来开柯南的玩笑，贝尔摩德易容成各种面目执行组织的任务，怪盗基德通过易容来盗取各种宝石。在《与黑衣组织的正面交锋 满月之夜的双重悬疑》剧集中，服部、工藤、灰原、柯南、新出、贝尔摩德、茱蒂……复杂的关系可谓精彩绝伦，有高超的易容技术，有热辣刺激的悬念，也有让人感动的温情画面。

在现实生活中，究竟是否存在易容术呢？

当然是存在的，下面就为大家揭开现代易容术的真面目。

第一步：**制作一个阴模。**

首先要制作出一个石膏模型，在制作之前，为了使脸部的皮肤更加光滑，要先在被"易容"者的脸上涂上一层油，头也要用保鲜膜包起来，以防倒模用的石膏粘住头发。另外，将石膏涂在面部之前，须将眉毛、眼睛等重点部位涂上凡士林，以防揭开时把面部毛发连根拔掉。往脸上涂抹石膏时，演员一定要闭上眼睛，而鼻子要通过两根塑料管与外界相连，以防石膏堵住鼻孔。

由于涂上石膏后无法说话，所以一定要放上纸、笔，遇到紧急情况，这是唯一有效的表达方式。这个时间大概得持续一个小时，所以一般人在做倒模前需要进行闭眼、放松面部表情的练习，直到能适应。对于化妆师而言，还需用手托住他的头，因为石膏很沉，颈椎的负担会明显加重。石膏加上去，凝固变硬后，再把它小心摘掉。石膏模型大概有三四厘米厚，从里边看，鼻子、嘴是凹进去的，称为阴模（图7-1）。

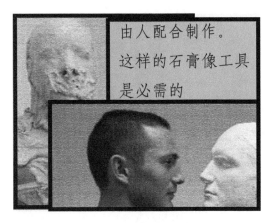

图 7-1　制作一个阴模

第二步：**翻出人脸真实石膏像。**

只有阴模是不行的，还需要在阴模上翻出人脸的真实石膏像。具体做法是先在阴模里边刷肥皂水，把内部清洗干净，然后，往模里倒入石膏，等凝固后，把阴模拿开，这样就可以翻出一个与人的脸型完全一样的石膏像了。

前面的这两步也可以用另外一种方式代替，用高逼真的三维电脑雕像（由电脑雕刻师根据人 1 : 1 的照片做成），由化妆师雕刻形成塑像。但这样形成的塑像的逼真程度就降低了，最多能做到 90% 像。

第三步：**用塑性泥修正石膏。**

这个时候，可以用油泥在石膏像上做一定的修改，以使得更加逼真。

第四步：**最终模型。**

这次不是往第二张石膏面具里面灌石膏，而是在面具外围加注石膏。打个比方，把脸浸在水中，模型就是水的一部分。上石膏前，需要紧贴面具先做一道围墙，围墙的高度必须高过面具的鼻尖，随后在围墙内灌入石膏。大约一星期后，石膏干透，轻轻敲碎石膏面具，最后的模型便出炉了。

第五步：**吹塑做出面具。**

接下来，将一种名为"硅原胶"的白色牛奶状液体与粉底调和均匀，涂在模型内侧。待干透后，用镊子揭起来，便做成了最后往脸上贴的面具，也就是所谓的"人

图 7-2　吹塑做出模型、抛光上色、人皮面具局部与整体

皮面具"的雏形（图 7-2）。

第六步：抛光、上色，进一步加工。

用液体抛光器仔细打磨并上色，粘上眉毛、胡须等，最终形成高仿真的"人皮面具"。严格说来，要制造一个高仿真的"人皮面具"，从最初的倒模开始到制作完成，根据不同的情况，需要十几天甚至数月的时间。面具可以是一个整体，也可以是局部。

"易容术"对制作技术的要求很高，而且制作工序也相当麻烦，所以一般都价格不菲。

所以要想成为像贝尔摩德一样的高手还差得远啊！

当然，随着 3D 打印技术的发展，也完全可以使用这种革命性的技术来制备出易容面具。现代 3D 打印技术中，通过电子扫描人体面部，可以得到精确度非常高的人体面部数据，然后采用打印技术，可以完全如实地打印出来。不过，由于材料的欠缺，目前还无法打印出与硅胶或者肌肉组织材质接近、富有弹性的产品。材料的进一步研发，将是 3D 打印的重要研究领域。

不过，除了可以用易容来改变容貌，还可以通过化妆来改变。

特效化妆术

通过对化妆品的巧妙运用而达到易容的目的。在电影中我们经常可以看到一些

图 7-3　《哈利 · 波特》里的伏地魔（左）和他的扮演者拉尔夫 · 范恩斯（右）

根本无法想象的奇怪容貌，又或者是一些血腥的伤口，这些容貌或者伤口当然不是真的，这些都是通过特效化妆术来完成的。

图 7-3 左是用特效化妆术化妆出来的效果。

化妆知识

如果提到化妆品中的物质，你会想到什么呢？

化妆品的原料分为基础原料和辅助原料及添加剂。

调配各种化妆品的主体，即基础原料，可以大致分为：油脂类、蜡类、烃类合成油脂类、粉质类、胶质类和溶剂表面活性剂。

辅助原料及添加剂在配方中的用量不大，但很重要。香精、色素、防腐剂、抗氧化剂、化妆品添加剂等都在此列。

常见的有效成分

我们经常可以听到广告上说化妆品有美白、抗皱、保湿等很多功效，那么是什么成分让化妆品起到这样的作用呢？

① **维生素**

维生素 A：能去角质，改善色素沉着，具有优良的抗皱功效；

维生素 B_5：渗透性保湿剂，除了保湿还可以增进纤维芽细胞增生，协助皮肤组织修复；

维生素 E：著名的抗衰老剂，也是抑制黑斑形成、平复并减缓皱纹产生的防氧化剂；

左旋维生素 C：维生素 C 其实分为左旋和右旋两种，不过肌肤细胞比较"偏爱"左旋分子，具有抗氧化作用，让肌肤紧实有弹性，还原净白。

② 保湿成分

甘油：最古老的保湿剂，十年前，很多人直接用甘油加水护理冬季皮肤。安全，价格低廉，是化妆品中用量最大最普通的保湿剂。有些萃取自大豆和玉米油。甘油与其他润湿剂相互作用（图 7-4），能发挥超级的润湿功效。

凡士林：保湿效果好，安全，但透气性差，令皮肤有一种被"糊住"的感觉。价格低廉，是中低档保湿品大量使用的油分。

硅油：一种不同聚合度链状结构的聚有机硅氧烷。最常用的硅油，有机基团全部为甲基，称甲基硅油。其稳定性可以和凡士林媲美，并具有良好的抗静电性和透气性，使皮肤能够自由呼吸，是各个档次保湿品普遍采用的油分。

除了营养皮肤外，其实还有部分化妆品功能的重点在防晒上！在防晒这个领域，世界各地的人有着两大极端，相当一部分白种人希望皮肤晒出古铜色才比较美，所以往往一出太阳，很多老外马上就外出晒太阳去了。而亚洲人则往往希望越白越好，并有着"一白遮百丑"的说法。那么，防晒霜为什么能防晒呢？原来阳光中的紫外线虽有杀菌能力，但也会将人的皮肤晒黑乃至晒伤。防晒霜则可以减缓这种伤害。早期的防晒霜中添加的是氧化锌、二氧化钛等粉末，它们能反射或者吸收一部分紫外线，起到了防晒的效果。在现代的防晒霜中，人们添加了一些复杂的有机物，例如对氨基苯甲酸丁酯等，它们吸收紫外线的能力更强，防晒效果更理想。

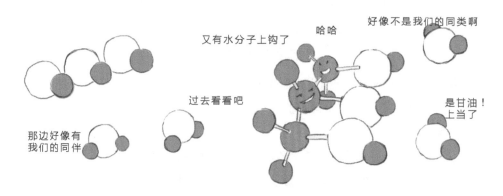

图 7-4　甘油保湿作用

化妆品中的有害添加物

尽管化妆品中含有较多的有效成分，但是其中的有害添加物不可忽视。

在《名侦探柯南》剧场版《银翼的魔术师》中，出现这样一个场景：一位名叫牧树里的女演员在化妆，她在脸上涂了粉底。当时并没发生什么事，但是之后不久，可怕的事情发生了——牧树里小姐竟然在她乘坐的飞机上被毒死了。在查看事发现场时，柯南发现，牧树里小姐吃的巧克力上沾有她使用过的粉底，柯南确定，破案的线索就在这粉底上。天哪！粉底有这么可怕吗？竟然能够毒死人！那么，不管是不是，我们先来了解一下粉底。

以一个不恰当的比喻来说，粉底就像是将旧房翻新时在墙上刷的油漆一样。粉底的种类有很多，有遮瑕类的，有调整肤色的等等。另外，粉底还有保护皮肤的作用。大家有没有发现，我们身上的皮肤都是很白很嫩的？相对而言，我们的脸部皮肤就容易出现问题，那是因为我们的身体一年四季都有衣服保护，而我们的脸却总是"裸奔"。所以要想让脸部皮肤更嫩，一定要帮它也穿一件薄而透气的衣服！而这个粉底就是我们所需要的！

粉底确实有比较大的用处，但是只要是化妆品，肯定会对人体有危害，接下来就让我们来看看粉底的危害到底在哪里吧！

历史上"铅粉"因为显色性好、附着力强，在很长一段时间内被认为是相当优质的粉底。随着时间流逝，人们也逐渐认识到了铅的危害：使用铅粉不仅让皮肤出现黑色斑点，也会造成神经系统损伤等全身性危害，对儿童危害尤其为大。但化妆品似乎一直无法完全摆脱铅的阴影，例如原料不够纯净，色素、基质都有含铅的杂质；也有制造商为了追求产品的显色度、服帖度、持久度等偷偷加铅。

现在明白常用粉底有什么害处了吧——使用这种含有铅的粉底后，铅会被皮肤吸收，从而导致中毒。不过，随着各国相关法律逐步完善，加之生产手段与检验手段的进步，目前包括中国在内的很多国家和地区的相关机构规定，不得使用铅作为化妆品组分。当前，中国规定化妆品中铅的限量为 40mg/kg，据说这一标准正在经过专家论证，标准还要提高，这意味着铅的限量可能会更低。

那么，牧树里小姐中毒身亡是因为粉底中的铅吗？粉底真的有那么可怕吗？答案很明显，当然不是。因为粉底中含有的铅还不至于置人于死地，否则那些经常化妆的人岂不是在自杀？

其实，剧中真正导致牧树里小姐死亡的，是被凶手掺在粉底中的剧毒物质——

氰化钾,牧树里小姐的手碰到氰化钾之后又拿巧克力吃,氰化钾沾在巧克力上,这才引起中毒。

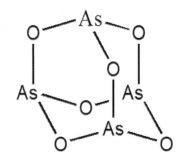

图 7-5　砒霜（三氧化二砷）的结构式

其实,除了粉底,其他化妆品也同样可能含有铅以及其他的有害物质。

说到砒霜,相信大家不会陌生吧,它是一种剧毒物质,在古装电视剧中经常见到。如果告诉你,化妆品中也含有砒霜,你是不是很吃惊?没错,不过量比较少而已。

那么,为什么化妆品里会有砒霜呢?原来,砒霜的成分是三氧化二砷,其化学结构式见图 7-5。而砷广泛存在于自然界中,所以化妆品在生产过程中很容易受到污染,然后经过一系列的变化就会产生砒霜。

虽说含的量很少,不过如果长期接触,也会导致慢性中毒,出现头晕、头痛、无力、四肢酸痛、恶心呕吐、食欲不振、腹胀、腹泻、贫血、皮肤色素沉着等症状,还有可能导致皮肤癌!是不是很可怕?

上面提到的铅和砷还只是其中两种有害物质,下面列举一些其他常见的有害添加物。

对羟基苯甲酸酯类	——	防腐剂,加速细胞老化。
类固醇激素	——	导致皮肤色素改变。
十二烷基硫酸钠	——	起泡剂,降低皮肤抵抗力。
重金属	——	在肝肾等部位沉积,造成神经紊乱。

所以,事物总是有利有弊的。化妆品虽然能给我们的皮肤带来好处,但是同时化妆品特别是彩妆也在慢慢地伤害着我们的皮肤、我们的身体。所以不要过早使用化妆品,虽然爱美之心人皆有之,但毕竟健康比美貌更重要,如果年龄还小的话,只需要进行简单的滋润就可以了。另外,在以后选用化妆品时,要注意选择有信誉的厂家,这样化妆品中的有害物质相对于那些三无产品要少。此外,上彩妆需要每天及时卸妆,避免皮肤与之长期接触而受损。

使用化妆品应当适度,不要浓妆艳抹。对其基本成分及性能有较为清楚的认识,依据皮肤的特点选择相适宜的化妆品。当皮肤发生破损或有异常情况时,立即停止使用。夜间入睡前应卸妆。

看基德炫魔术

指甲油也是许多爱美女性喜欢使用的化妆品之一，但它也能和泡沫塑料板发生一些令人震惊的变化！

当指甲油遇上泡沫塑料板

魔术名称：当指甲油遇上泡沫塑料板

魔术现象：泡沫塑料板被腐蚀。

魔术视频：

扫一扫，看视频

追柯南妙推理

整形的罪犯

有一个罪犯，为了躲避警方的追捕，到国外做了整形手术，改变了自己的容貌和指纹。为了改变指纹，医生将他十个指尖上的表皮割掉，再将他侧

85

腹的表皮移植上去。与此同时，医生又给他重整了容貌，这样一来，他便不怕掌握有他的容貌及指纹的警方。他准备返回国内再次作案。

可就在他回国第一次作案时，便被警方逮捕。令他百思不得其解的是，警方居然能认出他，可是他的手术做得很成功啊！

那么，警方究竟是怎么认出他的？

跟灰原学化学

化妆在中国古代有许多的诗词描述，下面让我们来简单看看吧！请说出出处、描写的对象，并分析是属于哪一类化妆品。

① 欲把西湖比西子，淡妆浓抹总相宜。

② 当窗理云鬓，对镜帖花黄。

③ 云髻峨峨，修眉联娟，丹唇外朗，皓齿内鲜。明眸善睐，靥辅承权，瑰姿艳逸，仪静体闲。柔情绰态，媚于语言。

④ 回眸一笑百媚生，六宫粉黛无颜色。

⑤ 清水出芙蓉，天然去雕饰。

⑥ 增之一分则太长，减之一分则太短；著粉则太白，施朱则太赤；眉如翠羽，肌如白雪；腰如束素，齿如含贝；嫣然一笑，惑阳城，迷下蔡。

⑦ 唇不点而红，眉不画而翠，脸若银盆，眼如水杏。

⑧ 却嫌脂粉污颜色，淡扫蛾眉朝至尊。

听博士讲笑话

整容

一女子出车祸重伤，生命垂危，恍惚中见到了上帝，上帝对她说：放心，你死不了，你还能再活五十年。果然没多久，女子醒过来了，想到自己还能再活五十年，就去做了整容。没多久后又被车撞了，死了，她生气地问上帝：“你不是说我还能活五十年吗？”上帝抱歉地笑了笑说：“对不起，我没认出来那是你。”

推理解答、习题答案

【推理解答】

因为手指部分不管怎么植皮，当伤口复原的时候，还是会长回原来的指纹，这是常识，该罪犯不懂，警方自然可以根据指纹认出他。

【习题答案】

① 欲把西湖比西子，淡妆浓抹总相宜。出自苏轼的《饮湖上初晴后雨》，这是一首赞美西湖美景的诗，也是一首写景状物诗，写于诗人任杭州通判期间。杭州美丽的湖光山色冲淡了苏轼内心的烦恼和抑郁，也唤醒了他内心深处对大自然的热爱。

② 当窗理云鬓，对镜帖花黄。出自《木兰辞》，描写的是木兰对着窗子整理像乌云一样柔美的鬓发，对着镜子在额上贴好花黄的情景。

帖花黄：帖，同贴。把黄金色的纸剪成各式装饰图样，或是在额间涂上黄色。

③ 云髻峨峨，修眉联娟，丹唇外朗，皓齿内鲜。明眸善睐，靥辅承权，瑰姿艳逸，仪静体闲。柔情绰态，媚于语言。出自曹植的《洛神赋》，描写的是一位佳人，既不施脂，也不敷粉，发髻高耸入云，长眉弯曲细长，红唇鲜润，牙齿洁白，一双善于顾盼的闪亮的眼睛，两个面颊下甜甜的笑靥。她姿态优雅妩媚，举止温文娴静，情态柔美和顺，语词得体可人。

④ 回眸一笑百媚生，六宫粉黛无颜色。出自白居易的《长恨歌》，描写的是杨贵妃，写其回头一笑能迷住众多的人，六宫的妃子都失去了美色。

六宫粉黛：指其他妃子，而不是指化妆品。

⑤ 清水出芙蓉，天然去雕饰。出自李白的《经乱离后天恩流夜郎忆旧游书怀赠江夏韦太守良宰》，像那刚出清水的芙蓉花，质朴明媚，毫无雕琢装饰。喻指文学作品要像芙蓉出水那样自然清新。这两句诗赞美韦太守的文章自然清新，也表达了自己对诗歌的见解，主张纯美自然——这是李白推崇追求的文章风格，反对装饰雕琢。

⑥ 增之一分则太长，减之一分则太短；著粉则太白，施朱则太赤；眉如翠羽，肌如白雪；腰如束素，齿如含贝；嫣然一笑，惑阳城，迷下蔡。出自《登徒子好色赋》，东家那位小姐，论身材，若增加一分则太高，减掉一分则太短；论其肤色，若涂上脂粉则嫌太白，施加朱红又嫌太赤，真是生得恰到好处。她那眉毛有如翠鸟之羽毛，肌肤像白雪一般莹洁，腰身纤细如裹上素帛，牙齿整齐有如含一小贝，甜美地一笑，足可以使阳城和下蔡一带的人们为之迷惑和倾倒。

脂粉：实际上是一种名叫"红蓝"的花朵，它的花瓣中含有红、黄两种色素，花开之时被整朵摘下，然后放在石钵中反复杵槌，淘去黄汁后，即成鲜艳的红色染料。

朱红：朱砂，主要成分为硫化汞，但常夹杂雄黄、磷灰石、沥青质等。

⑦ 唇不点而红，眉不画而翠，脸若银盆，眼如水杏。出自《红楼梦》，描写的是薛宝钗，嘴唇不必抹唇脂就已唇色红润，眉毛不用描画就有良好的眉形及眉色。

⑧ 却嫌脂粉污颜色，淡扫蛾眉朝至尊。出自张祜的《集灵台二首》，通过对虢国夫人觐见唐玄宗时情景的描写，讽刺了二人间的暧昧关系及杨氏独占宠爱的嚣张气焰。

魔术揭秘

魔术真相：指甲油中含有丙酮、乙酸乙酯等有机溶剂，能腐蚀泡沫塑料板。

实验装置与试剂：指甲油，泡沫塑料板。

操作步骤：将指甲油涂抹于泡沫塑料板上。

扫一扫，看视频

危险系数：☆

实验注意事项：无。

8

甜蜜浪漫的爱情恩赐：
巧克力知识
——《巧克力的火热陷阱》

跟小兰温剧情

　　在上个章节里，我们了解到各种化妆品与美容的知识，这些都是女孩子的最爱，因为爱美是女人天生的权利。此外，还有一种食物，往往也是女孩子的最爱，吃着它，会有甜蜜浪漫的感觉，这就是我们要讲到的巧克力。在《名侦探柯南》动画片《巧克力的火热陷阱》剧集里，我们一起去看看奇妙的巧克力吧。

　　　小兰、园子和柯南一同参加好朋友佐仓真悠子与甜点师辻元由纪彦的店铺开幕仪式。他们是一对感情甜蜜、郎才女貌的璧人，琳琅满目的巧克力更使整个店里充满了爱情的味道。辻元先生在为三人展示获得世界巧克力作品大赛金奖的作品《飞向银河》时，盛放天鹅形巧克力的容器却在注入水后突然燃起熊熊火焰。大家误认为是作品效果为之叫好时，面露惊色的辻元先生却被火舌吞没。天才巧克力师在火光中丧命，浪漫的巧克力最终却变成了葬送生命的"凶手"！

　　　巧克力居然会被点燃！这对于大多数人来说都是匪夷所思的。就当大家都认为这是一场意外时，冷静睿智的柯南发现了其中的端倪，巧妙地解开了凶手的杀人陷阱。那么凶手究竟是如何点燃巧克力的呢？原来，犯人利用空气电池的原理引燃了巧克力。而这所有的一切，都是由佐仓小姐一手计划的，用她精心准备的巧克力的热陷阱向辻元先生报背叛之仇。

象征浪漫与爱情的巧克力竟然变成无情的杀人凶手，这不禁使我们本已熟悉的巧克力又重新蒙上了一层神秘的面纱。接下来，就让我们一起走进熟悉却又陌生的巧克力世界吧！

跟光彦学知识

认识巧克力

巧克力的历史

巧克力（图 8-1）起源于拉丁美洲，是以可可豆作为主料的一种混合型食品，它也是外来语的译音。在墨西哥土语里，它叫"巧克拉托鲁"，在本集《巧克力的热陷阱》中，巧克力甜点师采用的是产于南美洲的克里奥罗（Criollo）可可豆，这也是公认的可可豆原料中的佳品，香味独特，但产量稀少，非常珍贵。

最早的巧克力雏形，出现于墨西哥地区古代印第安人的一种含可可的食物中，但它的味道苦而辣。直到 1526 年，西班牙探险家埃尔南·科尔特斯（Hernán Cortés，1485—1547）在探险时偶遇印第安人喝到了它并将其带回西班牙，献给当时的国王，那时的欧洲人视它为迷药，掀起了一股狂潮。而到了大约 16 世纪，奇思妙想的西班牙人想方设法地让巧克力开始"甜"起来，他们将可可粉及香料拌和在蔗汁中，制成一种香甜浓郁的饮品。1828 年，由荷兰的范霍滕（Johannes

图 8-1　巧克力

van Houten，1801—1887）想到将其脂肪除去 2/3，做成容易饮用的可可饮料。1876 年，一位名叫丹尼尔·彼得（Daniel Peter，1836—1919）的瑞士人别出心裁，在上述饮料中又掺入一些牛奶，创造了牛奶巧克力。不久之后，聪明的人们开始将液体巧克力加以脱水浓缩成一块块便于携带和保存的巧克力糖。

巧克力的分类

因为巧克力在制造过程中所加进的成分不同，也造就了它多变的面貌。市面上的巧克力，依成分大约可分为乳质含量少于 12% 的黑巧克力，至少含 10% 可可浆及至少 12% 乳质的牛奶巧克力，不含可可粉的白巧克力等，其中以牛奶巧克力最为普遍。

① 黑巧克力　黑巧克力是喜欢品尝"原味巧克力"人群的最爱。因为它所含的牛奶和糖分通常较低，因此，可可的香味没有被其他味道所掩盖，随着巧克力的缓缓融化，可可的芳香会在齿颊留香。甚至有些人认为，只有黑巧克力才是正宗的巧克力。通常，高档巧克力都是黑巧克力，具有纯可可的味道。因为可可本身并不具有甜味，甚至有些苦，因此，黑色巧克力较不受大众的欢迎。食用黑巧克力可以提高机体的抗氧化水平，从而有利于预防心血管疾病、糖尿病、低血糖等疾病的发生。

② 白巧克力　因为不含可可粉，仅有可可脂及牛奶、糖，因此为白色。此种巧克力仅有可可的香味，口感上和一般巧克力不同。也有些人并不将其归类为巧克力。由于可可脂含量和糖类含量较高，因此，白巧克力的口感会很腻很甜。

③ 牛奶巧克力　最早的牛奶巧克力配方是由瑞士人发明的，比利时和英国也是牛奶巧克力的主要生产国（图 8-2）。他们往往采用混合奶粉工艺，具有一种类似干酪的风味。相对于纯黑巧克力，牛奶巧克力的味道更清淡、更甜蜜，也不再有油腻的口感。好的牛奶巧克力产品应该是可可与牛奶之间的香味达到一个完美的平衡，类似于两个恋人之间既依恋又独立的微妙关系，它也是最受东方人欢迎的巧克力之一。

④ 生巧克力　生巧克力是采用浓郁的巧克力原浆、鲜奶油及其他附加材料加工制作而成。混合起来之后没加热之前都称之为生巧克力，跟一般我们所食用的巧克力（一般巧克力

图 8-2　比利时经典贝壳海洋巧克力

都有经过加热的过程，称之为熟巧克力）是完全不同的东西。"生"是"新鲜"的意思。生巧克力保鲜期短。

解剖巧克力

巧克力在很多爱美女孩的心中长居"又爱又恨食物"排行榜的首位。因为它的美味让人无法抗拒，同时过度食用摄入的脂肪和热量又会带来肥胖的烦恼。巧克力也是很多上班族的最爱，因为它在快速充饥的同时又起到提神醒脑的功效。究竟巧克力中含有的哪些成分使它在人们的心中有着这样独特的地位呢？就让我们来一探究竟吧！

可可脂

巧克力由可可豆加工而成，主要有效成分是高脂肪的可可脂与低脂肪的可可粉。可可碱主要存在于可可粉中。

说到其中的可可脂，就牵涉到了三个我们常见的巧克力商品中重要但迥异的成分：可可脂、代可可脂、类可可脂。

① 可可脂 可可脂是在制作巧克力和可可粉的过程中自可可豆获得的天然食用油，占可可豆50%~57%的重量，赋予了巧克力独特的入口即化的口感。与植物油以及动物油类似，它的主要成分也是三酰甘油化合物；但它与植物油等不同的是，它往往是一种脂肪酸部分不同的三酰甘油的混合物。脂肪酸部分包括饱和脂肪酸棕榈酸约25%，硬脂酸约35%，单不饱和脂肪酸（主要是油酸）约38%，少量及痕量的多不饱和脂肪酸（亚油酸约为2%）。可可脂只有淡淡的巧克力味道和香气，是制作真正巧克力的一项材料。由于可可脂是一种混合物，因此，巧克力匠师们可以通过精选原料来制备出"只溶在口，不溶在手"的巧克力。原理其实很简单，口腔内的温度与体温类似，大约为37℃，而手因为外置于环境中，所以手的温度会低一些。如果选择熔点刚好略低于37℃的可可脂来制造巧克力，就可以实现这样的目标。

② 代可可脂 用可可脂来制作巧克力那固然是好，但是因为可可脂是纯天然的，价格昂贵，而且不易保存，不适于工业大规模生产。于是代可可脂应运而生。它是用以代替可可脂制作巧克力和可可粉的人造食用油。很多代可可脂都是由棕仁油取得的棕仁硬油脂再经特殊氢化精炼而成的。国家规定，凡是代可可脂含量超过

5%的产品不能称为"巧克力",标签上也应注明代可可脂的含量。并且氢化植物油含有反式脂肪酸,食用有一定程度的风险。

③ 类可可脂 从广义上来说,类可可脂仍然是代可可脂,即不从可可豆中直接经提炼获取可可脂,而是采用现代食品加工工艺,对天然的棕榈油、牛油脂、沙罗脂等油脂进行加工,获取与可可脂分子结构类似的油脂。类可可脂主要采用提纯、蒸馏和调温的制作方法。因此,类可可脂本身没有反式脂肪酸,这就降低了人们食用代可可脂巧克力制品患糖尿病和肥胖的风险。当然,价格也要比代可可脂昂贵些。如卡夫公司旗下的奥利奥巧克力棒就是采用类可可脂加工制作而成的。不论是在口感上或者是在营养上,类可可脂都要比传统的代可可脂略胜一筹。

可可碱

可可碱的分子式为 $C_7H_8N_4O_2$,结构式如图8-3所示,分子量为180.16。可可碱最早于1878年从可可树的种子中提取,在不久之后,化学家赫尔曼·埃米尔·费歇尔(Hermann Emil Fischer,1852—1919)完成了可可碱的合成。可可碱是一种甲基黄嘌呤类生物碱,存在于可可树和巧克力中,是茶碱和副黄嘌呤的同分异构体,属于二甲基黄嘌呤类。它是具有苦味的无色或白色晶体,可溶于水,含有反镇静成分,但相对于同系物咖啡因来说疗效较低。可可碱对动物的神经系统有不良影响,例如对猫狗来说,可可碱(巧克力)是毒药。

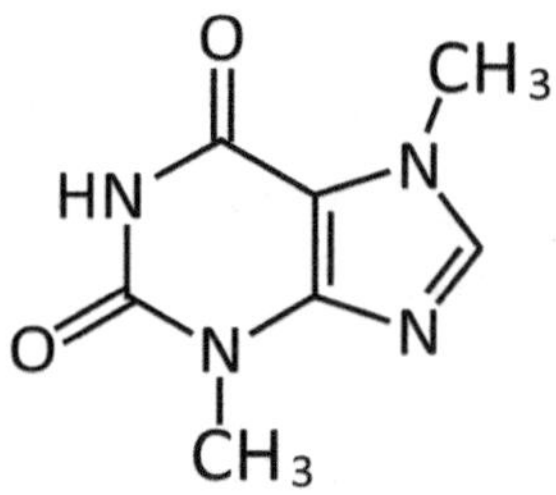

图 8-3 可可碱分子结构式

咖啡因、茶碱

除了可可碱,咖啡因和茶碱也属于甲基黄嘌呤类。这下大家明白可可、咖啡和茶为什么跻身世界三大饮料了吧?对于人类来说,它们都能起到提神的作用。

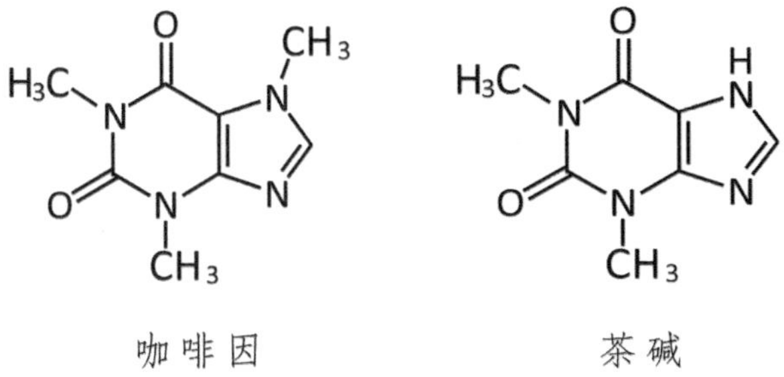

咖啡因   茶 碱

图 8-4   咖啡因和茶碱的分子结构式

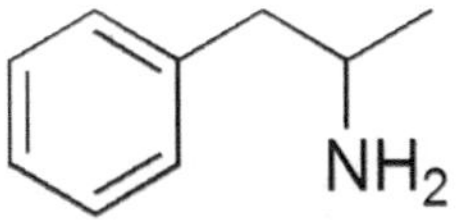

图 8-5   苯丙胺的分子结构式

    咖啡因既被作为饮品，也被作为药品，其作用都是提神及解除疲劳，能够导致"咖啡因中毒"。茶碱可以在自然界的茶叶中提取。茶碱的主要作用有：放松支气管平滑肌、加强心肌收缩、加快心率等。

    大家可以看到（图 8-3 和图 8-4），这三种化合物都具有非常类似的化学结构（嘌呤），只是彼此之间的甲基位置不同。

    上面我们知道了巧克力里面含有多种能使人兴奋的物质。但是为什么说巧克力能使人产生爱情的感觉呢？原因就在于巧克力中的苯丙胺。20 世纪 80 年代早期，迈克尔·莱柏温兹（Michael Liebowitz）所著的 1983 年畅销书籍《爱的化学》里就提到了巧克力的可可中含有苯丙胺，正是它使人产生爱情的感觉（图 8-6）。苯丙胺是一种生物碱与单胺类神经递质。它是一种芳香胺，室温时为无色液体，可以溶于水、乙醇与乙醚之中，是自然化合物，由氨基酸苯丙氨酸借由酶的脱羧作用合成，其化学结构式如图 8-5 所示。一般认为来自食物的苯丙胺足够的用量会产生精神上的作用，产生兴奋的感觉。一系列苯丙胺化合物都与神经递质的作用有关，其中包括了大名鼎鼎的冰毒、安定片、摇头丸等，香烟中的多巴胺也是苯丙胺类化合物，过量使用将使人体产生成瘾性，这就是前面章节里提到的毒品以及香烟成瘾的原理。带来爱情的苯丙胺也使人们对爱情充满着依赖。

    下面，我们来了解一下巧克力与爱情千丝万缕的关联吧！

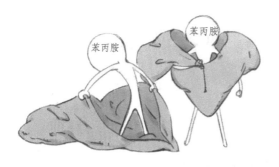

图 8-6　苯丙胺使人产生爱的感觉

巧克力与情人节

情人节送巧克力，对于情侣来说意义重大，在《名侦探柯南》之《情人节的真实》剧集中，2 月 14 日的情人节，小兰便对着无法送出的巧克力黯然落泪。为什么情人们要在这个日子互相赠送巧克力呢？这就要追溯到情人节的起源。

古罗马有位青年基督教传教士圣瓦伦丁（Valentinus），他冒险传播基督教义最后被捕入狱，感动了老狱吏和他双目失明的女儿，得到了他们的悉心照料。临刑前圣瓦伦丁给姑娘写了封信，表明了对姑娘的爱意。在他被处死的当天，盲女在他的墓前种了一棵开红花的杏树，以寄托自己的情思。这一天就是 2 月 14 日。之后，许多小伙子会在这天把求爱的圣瓦伦丁的明信片做成精美的工艺品，剪成蝴蝶和鲜花送给心爱的姑娘。而姑娘们晚上将月桂树叶放在枕头上，希望梦见自己的情人。

通常在情人节中，以赠送一枝红玫瑰来表达情人之间的感情。将一枝半开的红玫瑰作为情人节送给女孩的最佳礼物，而姑娘则以一盒心形巧克力作为回礼（图 8-7）。

其实巧克力的味道就像是爱情的味道，甜蜜和苦涩相互交融，一吃进

图 8-7　情人节与巧克力

口即刻享受融化的快感，仿佛情人的呢喃软语一般，温暖又温馨。它的高能量能补充体力和能量，使人情绪高涨，这也就寄托了送礼人对情人的美好祝愿：甜蜜和快乐。

巧克力王国的君主们

巧克力的王国神圣而广阔，在这个氤氲着甜美馥郁气息的国土里，有着各式各样的君主们，有的粗犷有的典雅，哪一款才是你的最爱呢？

说到世界顶级的巧克力，不得不提到"巧克力中的劳斯莱斯——GODIVA（歌帝梵）"（图8-8）。这个起源于比利时布鲁塞尔的巧克力是比利时皇室御用巧克力品牌，被人们称为"世界上最好的巧克力"，至今已有超过90年的历史。它的造型独特气味悠远绵长，原材料都采用最佳上品，因此价格也必然不菲。

瑞士三角牌巧克力（TOBLERONE）是瑞士卡夫食品公司生产的巧克力条（图8-8）。中文名字源于其特有的三角造型，象征着欧洲阿尔卑斯山的马特洪峰（见图2-2）。它的黄色三棱柱的包装形象深入人心。它最老牌的产品是含有牛轧糖、杏仁和蜂蜜的牛奶巧克力。TOBLERONE三角系列已经畅销世界100多个国家，有超过130年的悠久历史，其口碑众人皆知。

吉利莲巧克力（GuyLiAN）最显著的特点就是它的贝壳造型（图8-8），因为在比利时的古老传统中，贝壳代表最珍贵的礼物，也是对爱情最美好的祝愿。吉利莲选用西非优质可可及地中海优质榛仁，工艺严谨考究，每一块吉利莲巧克力无论是形状、颜色还是口感都是世界级的珍品。

图8-8　GODIVA，Lindt，GuyLiAN，TOBLERONE

160 多年来，瑞士莲 (Lindt) 巧克力大师所制造的巧克力以品质高、味道好而闻名于世（图 8-8）。很多原料都是他们不远万里从别的国家运到瑞士的。如美国加州的杏仁、土耳其的榛子等，百年来都是如此严谨把关，再加上 18 位巧克力大师的专心研究制作，用制作工艺品的热情和专注，一直延续着 Lindt 品牌在世界上的声望，在世界之林打造这个品牌长久的优质名誉。

在国内容易买到的比较著名的外国巧克力还包括意大利费列罗（FERRERO）巧克力球，建达缤纷乐巧克力（KINDER），美国 M&M 's 巧克力豆，美国德芙巧克力等等。由中粮金帝食品有限公司生产的国产金帝巧克力，使用了瑞士巧克力制造技术，也广受大家的欢迎。特别是"金帝巧克力，只给最爱的人"的广告语早已深入人心。

巧克力打造的甜蜜浪漫世界

巧克力不仅美味，可塑性也很强，世界各国的可爱的人们运用它创造了一个甜美的童话般的浪漫世界。在位于英国伦敦 Jermyn 街道的卡文蒂什酒店，有个全球最甜蜜的小屋，它总共耗尽 100 千克巧克力制成，屋内所有的物品，包括"请勿打扰"标语牌、拖鞋、牙刷……，都是用巧克力制成的。

无独有偶，南京的大师级厨师们就用巧克力成功制作出了蓝精灵和城堡！这座 5 平方米大小的巧克力城堡分外夺人眼球，总共花掉 10 千克巧克力，由两位厨师花了 5 天时间才精心雕刻而成。

如果有一个硕大的巧克力高跟鞋摆在你眼前，你究竟是想饕餮一番呢，还是觉得可远观而不可亵玩呢？韩国首尔现代百货店里就曾惊现过一只巨型巧克力高跟鞋。它高 2 米，共耗费 60 千克巧克力，经过的路人无不驻足观赏。

另一边，意大利巧克力雕塑大师维齐亚用黑、白巧克力雕刻出的迷你版的世界名胜古迹，凯旋门、希腊帕台农神庙、古罗马竞技场与比萨斜塔等都在此列，令人叹为观止。

 看基德炫魔术

口香糖 + 巧克力，会有神奇的现象发生吗？

口香糖消失

魔术名称：口香糖消失

魔术现象：口香糖与巧克力共同咀嚼，口香糖消失了。

魔术视频：

扫一扫，看视频

追柯南妙推理

一天，考古学博士致电给服部平次，价值连城的黄金面具被盗。服部平次赶到时已是深夜11点。

秘书先上二楼请博士，但是只听见了大叫声："哎呀，不得了，博士自杀了！"服部平次大惊，飞奔上来。只见天花板上拴着一条绳子，博士的头套在里面，用来垫脚的椅子摔倒在脚下。室内除了基本的生活用品，还有一张用电热毯铺着的床。秘书吓得脸苍白，颤抖着说："他大概是因为面具被偷，所以畏罪自杀了吧？"服部平次摸摸死者的面颊和手，发现还是热的。他感到奇怪，因为室内很冷，怎么死者的身体和死前一样？服部平次检查了博士的口袋，发现里面有半块没吃完的用锡箔纸包着的巧克力，但是已经融化了。

服部平次回头对秘书说道："凶手就是你！你在开车接我之前就杀了博士，然后伪装成自杀的样子，可见偷面具的也是你！"

服部平次是如何判案的，凶手又是如何做到的呢？

跟灰原学化学

香兰素的分子结构式如图8-9所示，它有宜人的气味，是制作巧克力的辅助原料。下列关于香兰素的判断不正确的是（　　）。

A. 可与银氨溶液反应
B. 可与氢氧化钠溶液反应
C. 分子中所有原子都在同一平面
D. 分子式为$C_8H_8O_3$

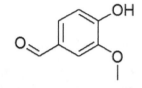

图8-9　香兰素的分子结构式

 听博士讲笑话

相亲

巧克力相亲失败N次，这天又被巧克力妈妈逼着去相亲。

巧克力：不去，肯定又相不中我。

巧克力妈妈：去，我可是听说那丫头喜欢你。

巧克力：真的，你没骗我吧？

巧克力妈妈：真的。

于是巧克力打扮得精神抖擞去相亲，没想到对方还真是像巧克力妈妈说的那样，一见面就对它表白。

巧克力不解：你为什么喜欢我？

对方：讨厌！你怎么这么不解风情？地球人都知道"I chocolate you"。

 推理解答、习题答案

【推理解答】

秘书先杀了博士，制造出自杀的假象，然后用电热毯把尸体包着，等把服部平次接来时，自己先上楼把电热毯拿开，这样尸体就没有冷却，混淆了判断，然而口袋里的巧克力随着融化，从而被服部平次发现。

【习题答案】

含有醛基，因此能发生银镜反应，A 正确；含酚羟基，有酸性，能与氢氧化钠反应，B 正确；D，分子式正确；所有原子，大部分为同一平面，但是烷氧基的甲基有三个氢原子为正四面体结构，因此 C 错误。

魔术揭秘

魔术真相：口香糖的胶基是脂溶性的，而巧克力中有较多的可可脂，所以二者同时咀嚼时，口香糖就被溶解而消失了。

扫一扫，看视频

实验装置与试剂：口香糖，巧克力。

操作步骤：同时咀嚼口香糖与巧克力。

危险系数：☆

实验注意事项：无。

9

黑巧克力与兴奋剂

——《OK 牧场的悲剧》

跟小兰温剧情

在上个章节里，我们了解到巧克力的有关知识以及趣闻，它会给人以爱情甜蜜的感觉。但你是否知道巧克力对动物的神经系统可是有着不良的影响，会给动物们类似吃了兴奋剂一样的感觉，难以控制而发狂。在《名侦探柯南》动画片《OK 牧场的悲剧》剧集中就有这样的例子。

柯南和小五郎以及小兰一起来到饲养了很多赛马的"OK牧场"郊游。在参观的过程中，柯南突然发现其中一匹正在装蹄铁的马madam lip发了狂，而装蹄师杉山元男则因头部受重击而死亡。大家都觉得就是马madam lip踢死了杉山先生，因为它新装的蹄铁上沾着死者的血。可是柯南发现蹄铁的内部也沾有血，这就说明是有人用马蹄铁杀死死者后再将其匆忙装到madam lip上的，柯南推理说牧场的从业员二宫先生就是凶手，而牧场主大楠先生为了掩护凶手，给madam lip吃下了黑巧克力，让它发狂。

为什么小小的一块巧克力竟会令一匹赛马发狂？是因为里面添加了什么特别的物质吗？什么也没有！这正是一块普通的黑巧克力，大楠先生还曾经拿给柯南吃呢。事实说明，巧克力对于我们人类来说并没有什么影响，可是对于马来说却是兴奋剂。这到底是怎么一回事呢？

巧克力中的可可碱

在上一章节里我们了解到，巧克力（图9-1）是一种以可可豆为原料做成的食品，巧克力里含有丰富的糖类和脂肪，还含有镁、钾、维生素 A 以及可可碱等。其中的可可碱是一种甲基黄嘌呤类生物碱，它的纯品极其地苦涩，能兴奋中枢神经，提高心率，对人类来说，可可碱是一种健康的反镇静成分，因而食用巧克力具有提升精神、增强兴奋等功效。可可碱与巧克力中的苯乙胺类物质共同起作用，这就是为什么大家会说，吃巧克力能让人产生恋爱的感觉。图9-2 为某品牌黑巧克力。

可是，对于大多数动物来说，可可碱却是有毒甚至致命的。我们可以理解为这是可可树在长期进化中形成的一种为了避免自身被动物吃掉的保护警告措施。

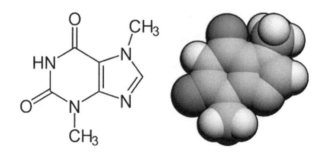

图9-1 可可碱的分子结构式（左）与球棍模型（右）

图9-2 黑巧克力

对于像人类这样的灵长目动物而言，我们对这种甲基黄嘌呤类物质具有比较强的代谢率，吃进体内的这种"毒素"会很快吸收分解并被排出体外，因而巧克力的"恋爱感"是短暂的，可也正因为这种短暂，才使人类能在享受美妙感觉的同时不致丢了性命。

但是像狗、猫、马这些动物就不一样了，它们不属于灵长类，它们对于这种甲基黄嘌呤类物质的代谢率很弱。就以一只体重 3 千克的狗来说，它需要大约 20 个小时才能将吃入体内的一半甲基黄嘌呤类物质排出体外，而若它一次性吃下 60 克的黑巧克力，就可能因为心动过速和肌肉强直而死亡——要知道 60 克不过只有不到一小块巧克力的重量而已。而马虽然也不能有效地将这种有毒的甲基黄嘌呤类物质快速排出体外，但与狗不同，它的体形硕大，要让它中毒的量也相应多许多，因此并不容易中毒。然而因为马对于这种甲基黄嘌呤类物质的敏感性高，所以普通的一板巧克力可能就会使马神经兴奋甚至发狂，在赛马比赛中，甲基黄嘌呤类是必检的项目。

在剧情中，牧场的另一位从业员竹内小姐曾经跟柯南说过，不能给马喝茶水，因为茶里面含有茶碱，与巧克力一样，对马是兴奋剂。而这一点也提醒了柯南，才让柯南找到 madam lip 突然发狂的原因。

这下，大家可明白了，巧克力对于我们是一种美妙的甜品，可是对于一些小动物却是兴奋剂甚至是毒药，要是它们不幸食用了，可要赶紧带它们去动物医院进行治疗。另外，尽管这种甲基黄嘌呤类物质对于人的毒性不大，但因为小孩子的神经系统尚未发育成熟，不宜过多摄入，所以孕妇和小孩不能喝咖啡，同时也要少吃巧克力，即使是成年人也不应过度摄入，应该适量适度。

体育运动中的兴奋剂

随着如今科技的发达和技术条件的发展，在运动竞技比赛中给动物使用兴奋剂也渐渐受到了人们的警惕。在上文中我们提到了在马术尤其是赛马比赛中，必须要对参赛马匹进行甲基黄嘌呤类等兴奋剂的检测，这正是如今维护马术比赛运动精神的重要措施之一。在 2008 年的北京奥运会上夺得马术盛装舞步团体第四名的美国队，就因参赛一坐骑被查出使用违禁药物而被国际马术联合会取消了团体名次（图 9-3）。

尽管马匹药检的技术和范围与人兴奋剂的检测稍有差异，但总体还是相通的。下面我们就来聊聊关于兴奋剂的故事。

坐骑查出禁药 美国盛装舞步团体奥运名次被取消

2008年09月24日08:36

[我来说两句] [字号: 大 中 小]

来源：泉州网-泉州晚报

据新华社华盛顿9月22日电据此间媒体22日报道，日前在北京奥运会上夺得马术盛装舞步团体第四名的美国队，因参赛一坐骑被查出使用违禁药物，而被国际马术联合会取消了团体名次。

图9-3　2008年美国团违禁药新闻（截图来源于搜狐新闻，原始来源于《泉州晚报》）

什么是兴奋剂

兴奋剂的英文是"Dope"，一说原为南非黑人方言中一种具有强壮身体的酒，另一说起源于荷兰语"Dop"。其实兴奋剂这一东西并非新鲜，可以说它一直"伴随着"竞技体育的发展。早在公元前776年，就有运动员在竞技比赛中使用刺激剂。公元前3世纪的古代奥林匹克运动会上，也有运动员食用从蘑菇中提取的致幻物质来提高运动成绩。1960年的罗马奥运会上，丹麦自行车运动员詹森因服用酒精和苯丙胺混合剂导致在公路赛中死亡，也正是这一事件促使国际奥委会下定决心开展反兴奋剂战争。

回顾兴奋剂与反兴奋剂的发展，我们可以发现，兴奋剂原是指那些能够刺激人的神经系统，使人提高机能状态的药物；而如今则更倾向于泛指那些可以作用于人体机能、提高运动员运动成绩的药物。这两者有什么不同呢？由于早期运动员为提高成绩而使用的药物多数是刺激类兴奋药物，所以尽管后来被禁用的药物中也包括了不少无刺激（如利尿剂）甚至抑制性的药物（如β-阻断剂），但是兴奋剂这个名字还是就这样沿用了下来，因此现在通常所说的兴奋剂则是包括了所有被禁用的药物。

使用兴奋剂不仅有损公平竞争的体育精神，掩盖了运动员真实的体育成绩，形成了不公平竞争，而且也相当有害于运动员的身心健康发展，这种危害在很多情况下是终身的，甚至是不可治愈的。

根据国家体育总局反兴奋剂中心的定义，兴奋剂是一种"违反医学和体育道德，用来提高运动成绩的物质和方法"，它可分为四大类，如图9-4所示。下面我们就从化学的角度给大家介绍几种常见的兴奋剂物质。

兴奋剂的分类

（一）所有场合（赛内和赛外）都禁用的物质
（1）蛋白同化制剂。
（2）激素和相关物质。
（3）β_2-激动剂。
（4）激素拮抗剂与调节剂。
（5）利尿剂和其他掩蔽剂。

（二）赛内禁用的物质
（1）刺激剂。
（2）麻醉剂。
（3）大麻（酚）类。
（4）糖皮质类固醇。

（三）所有场合（赛内和赛外）都禁用的方法
（1）提高输氧能力。
（2）化学和物理篡改。
（3）基因兴奋剂。

（四）酒精和β-阻断剂在一些特殊项目中禁止使用。

图9-4 兴奋剂的分类

所有场合（赛内和赛外）都禁用的物质

① 蛋白同化剂——以诺龙为例。

所谓蛋白同化剂，也就是兴奋剂中臭名昭著的类固醇类兴奋剂。其实人体中多种正常生理激素都属于类固醇，比如肾上腺皮质激素以及雄性激素、雌性激素等性激素。这些类固醇激素在人体的正常生理、代谢中发挥着重要的作用。正因为它们有着提高代谢、促进蛋白质合成的功能，在体育运动中，许多存在着侥幸心理的运动员，通过服用人工合成的类固醇类物质以促进肌肉生长、增加训练耐力和负荷，提高运动成绩。

虽然这种合成类固醇不会像安非他命那样会使服用者突然虚脱，但是它的副作用却是不知不觉、缓慢发生的，常常在运动员退役后很长时间才会发作。这类药物会使人体的心血管系统、肝脏以及生殖系统产生不可逆转的破坏作用，并且还是一类致癌物质。

合成类固醇中的代表——诺龙，它的功能与人雄性激素类似。它的分子式为$C_{18}H_{26}O_2$，结构式见图9-5。与其他类固醇一样，诺龙分子中均含有三个六碳环和一个五碳环。平常它具有一定的医疗用途，可是在竞技体育中是明确的禁用品，也是奥运迷听

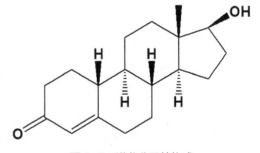

图9-5 诺龙分子结构式

得最多的违禁兴奋剂之一。美国女"飞人"琼斯在 2000 年的悉尼奥运会中拿到 3 块金牌，成为一颗耀眼的体坛巨星，然而，根据种种证据，国际奥委会开始调查这位神奇的女运动员，但琼斯一直否认有服用兴奋剂的经历。2007 年，在强大的司法震慑下，琼斯终于停止了无效的抵抗，流着眼泪承认她服用了类固醇药物，面对她的是剥夺奥运金牌，而且要面临牢狱之灾（图 9-6）。无独有偶，在 2012 年的伦敦奥运会中，获得女子铅球冠军的白俄罗斯选手奥斯塔普丘克，因被检出美替诺龙阳性而被剥夺金牌，我国选手巩立姣因此递补获得一枚铜牌。

图 9-6 美国女"飞人"琼斯兴奋剂案件
新闻截图（来源：搜狐体育）

② 激素类物质——以促红细胞生成素为例。

促红细胞生成素也就是我们常听到的 EPO，顾名思义，它可以刺激机体生成红细胞。促红细胞生成素是一种肽类糖蛋白激素，由我们人体的肝脏和肾脏产生，可以作用于血红细胞的制造、调节，其作用机制如图 9-7 所示。当人体缺氧时，这种激素的含量会上升，并使血红细胞增生。因而它在正常生理活动机能中的功能十分重要，它对于肾性贫血患者的治疗，效果也十分显著。

而当它作为兴奋剂时，运动员可以用它来刺激骨髓产生更多的红细胞，增加血液的携氧能力，促进肌肉中氧气的运输，使肌肉的执行力增强、工作时间更长，可大幅提高成绩。所以它是许多耐力、耗氧类竞技运动的"天敌"，在自行车比赛中就不时会曝出有运动员服用 EPO 增氧等违规案例。

除了促红细胞生成素外，生长激素、胰岛素以及其他任何作用于肌肉、肌腱，影响蛋白质的合成或分解、血管结构、能量利用、再生能力的激素也都属于禁用激素类兴奋剂。

③ 利尿剂及其他掩蔽剂——以呋塞米为例。

所谓"掩蔽剂"就是指兴奋剂检查时任何用来改变尿液或其他样本的物质，它的作用在于掩饰本人使用了其他禁用的物质。比如包括了利尿剂、表睾酮、丙磺舒、α - 还原酶抑制剂（如非那雄胺、度他雄胺）、血浆扩容剂以及其他具有相似生物作用的物质等。下面我们着重介绍一下利尿剂。

人体内促红细胞生成素作用机制

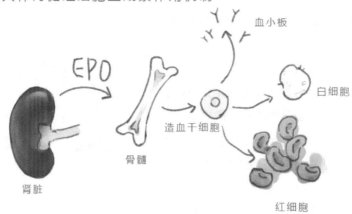

图 9-7 EPO 作用机制

利尿剂与其他传统的兴奋剂不同，它并没有那种直接能使人体提高竞技能力的作用，可为什么还是会有这么多运动员对它"趋之若鹜"呢？其实原因很简单，利尿剂通过其强烈的促进排尿的作用，一来可以使运动员的体重下降（对于一些如举重、摔跤等项目，运动员的体重级别很重要，这决定了运动员参与哪个重量级的比赛）；二来也可以通过产生大量尿液，冲淡尿液以遮蔽尿中的其他违禁物质。

呋塞米便是利尿剂中的一种高效利尿药，又名呋喃苯胺酸、速尿等，其分子式为 $C_{12}H_{11}ClN_2O_5S$，结构式见图 9-8。它能够削弱肾脏肾小管对水的重吸收，使尿量大量增加。在 2008 年的北京奥运会中，越南女子体操选手杜施彦尚就因为使

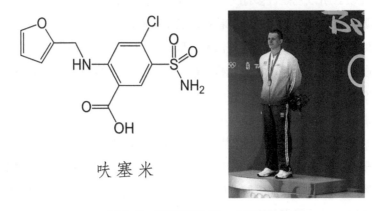

图 9-8 呋塞米和塞萨·西埃洛

108

用呋塞米而被取消参赛资格和成绩。另外，在 2011 年，巴西的游泳健将、北京奥运会男子 50 米自由泳冠军塞萨·西埃洛，也被查出使用了利尿素，并遭到了巴西泳协的警告。

尽管说利尿剂并不会直接使人体的竞技能力提高，但是它的副作用比起其他传统兴奋剂来说是"有过之而无不及"。大剂量地长期使用利尿剂，会导致体内电解质以及水分的过度流失，出现水和电解质失衡；而且大幅度减低体重，容易引起腹部和小腿肌肉痉挛；在严重情况下，甚至可导致心律不齐或心力衰竭而危及生命。

赛内禁用的物质

① 刺激剂——以苯丙胺为例。

苯丙胺，又称为苯异丙胺，俗名安非他命。它的分子式为 $C_9H_{13}N$，其纯品为无色至淡黄色油状碱性液体，其盐酸盐或硫酸盐为微带苦味的白色结晶体粉末。苯丙胺在精神医学中是一种中枢兴奋药及抗抑郁症药。它具有兴奋中枢神经系统的作用，可以使活动增加，疲劳感消失，减少睡眠，影响中脑边缘区欣快中枢，产生欣快体验。它可以用于发作性睡眠病、麻醉药及其他中枢抑制药中毒、精神抑郁症等。但是，它的副作用十分之大，当其静脉注射或吸食时具有成瘾性，产生病态嗜好，因而大多数国家都将其列为毒品，属于管制类药品。

苯丙胺可以说是传统的刺激兴奋剂，也正如上文中提到的，正是 1960 年罗马奥运会上，丹麦自行车运动员詹森因服用苯丙胺而在公路赛中死亡，这一事件促使国际奥委会下定决心开展反兴奋剂战争。

② 麻醉剂——以吗啡为例。

吗啡是精神医学中的一种阿片类生物碱药物。吗啡的分子式为 $C_{17}H_{19}NO_3$。它作用于中枢神经与平滑肌，能改变神经对痛的感受性与反应性，从而达到止痛的效果。吗啡若是合理管制使用的话，仍然是如今许多精神科和手术麻醉的用药之一。

吗啡的名字起源于希腊神话中的梦境与睡眠之神——摩耳甫斯，就是因为人们觉得吗啡具有梦境一般的镇痛效果。可是，尽管名字的来源很"梦幻"，但是吗啡绝非"善类"。吗啡的副作用十分大，它具有相当的成瘾性，可以说也是一种毒品。

③ 神经兴奋剂——以瘦肉精为例。

盐酸克伦特罗是一种曾被广泛使用的瘦肉精，这是一种人工合成的肾上腺类神经兴奋剂，被列入国际奥委会公布的《兴奋剂目录》中。早在 1997 年，瘦肉精在我国已经被严格禁止在畜牧生产中使用，规定在肉制品中检出率应该为零，但是仍有不法商家违法使用。其实，对于兴奋剂，我国运动员早就应该严阵以待了。据说某些运动员，因担心误服兴奋剂，已多年未吃过猪肉（猪肉中易残留瘦肉精），牛肉也是特供。但是，百密一疏，仍不排除有部分运动员无意中在外误食烧烤等肉类制品时而中招。其中，在2014年仁川亚运会上被查出服用兴奋剂泽仑诺而遭到禁赛的我国女子链球名将张文秀，她坚称自己没有服用兴奋剂。泽仑诺是另一种常见的瘦肉精，被列入《兴奋剂目录》中，是一种合成的有雌激素活性的促生长剂，用作饲料添加剂，是美国FDA批准的家畜促生长剂之一，易在畜产品中残留，从而危害人类健康。有知情人推测，张文秀是因为在首都机场吃了一碗牛肉面，导致相关成分残留在体内而被检出。果然，2015年，有关部门解除了对张文秀的禁赛，她的沉冤得到昭雪。

奥运会中兴奋剂的检测与防范

兴奋剂的检测可分为赛外的兴奋剂检测以及赛内的兴奋剂检测。无论是赛内还是赛外，兴奋剂的检测都是无事先通知的，而所有运动员，都有责任、有义务接受检测。

对于在奥运会中获得奖牌的运动员，他们是必须要接受兴奋剂检测的，而其余获得名次的运动员则抽查。这些被列为检查对象的运动员，届时会将自己的尿液分别装在A、B瓶中，其中A瓶将会被送去检测，B瓶则会由国际奥委会安全地保存8年。

作为一名运动员，使用兴奋剂是一种欺骗的行为。违禁药物会让使用者在比赛中获得优势，但这种行为是不符合诚信和公平竞争原则的，是违反现代体育精神的。运动员们都必须遵守国际奥委会的相关规定，拒绝一切兴奋剂等违禁药品，维护基本的体育道德，干干净净地参加比赛。

神奇的"一氧化二氢"兴奋剂

2012年的伦敦奥运会中，我国小将叶诗文（图9-9）在女子400米混合泳决赛以4分28秒43的成绩夺得冠军并打破世界纪录。而在随后进行的女子200米混合泳比赛中，更两度打破奥运会纪录，以2分07秒57的成绩夺冠，成为双冠王，创造了中国游泳个人两项奥运冠军的历史。尤其是在混合泳的最后50米自由泳中，叶诗文游出了28秒93，比在男子同项目夺冠的美国名将罗切特在自由泳中游得还要快。

面对着这样惊人的成绩，与对菲尔普斯、罗切特等游泳名将的杰出表现大加赞扬的态度截然不同的是，西方多家媒体都纷纷提出了质疑：女子怎么可能比男子游

图9-9　叶诗文

得还要快？他们怀疑叶诗文服用了禁药。面对西方媒体的质疑，叶诗文并没有畏惧，因为自己的成绩是通过刻苦训练取得的，中国人是清白的。而且英国奥委会主席也证实，叶诗文已经通过了世界反兴奋剂机构的药物检测，并被证明是清白的。

与此同时，国内许多网民也纷纷在微博、论坛上对叶诗文力挺到底，反对没有任何事实证据的指责。而在这风口浪尖上，一条貌不惊人的微博引起了全国网民的关注，它说："【叶诗文教练终于承认了】教练终于承认，曾给叶诗文服用过一种叫作一氧化二氢的液体，来为叶诗文补充能量。"乍看之下似乎事情还真是很严重的，可是不少有化学知识的网友一眼便看出了关键所在，这分明就是一条"钓鱼"的段子！原来，所谓的"一氧化二氢"其实就是H_2O，也就是我们最常接触的水呀。不过，这还当真让不少网友"中了枪"，可也有不少网友以此调侃作乐，让人读懂后真不禁捧腹大笑。

有网友说："科普下好了，一氧化二氢，又叫作氢氧基酸；对泥土流失有促进作用；皮肤与其固体形式长时间接触会导致严重的组织损伤；对此物质上瘾的人离开它168小时便会死亡……"

另一网友补充："专家证实，该液体常温常压下为无色无味透明液体，曾帮菲尔普斯、费德勒赢得金牌，甚至还帮007完成了开幕式的神奇一跳。该液体是酸雨的主要成分；组成元素氢的同位素一旦爆炸，足以毁灭地球。"

还有网友说："叶诗文喝了一氧化二氢就拿了奥运会冠军，同为叶家的我，比她多喝了那么多年，却连爬个六楼都要休息3趟！我真的好自责哦，真心对不起叶家的祖祖辈辈。"

不过，真正让人捧腹的还在后边。中国环境管理干部学院某位教授也转发了此条微博，并说道："此事若真，许多中国人该认真反思了，别有点质疑就老虎屁股摸不得，大呼小叫的，为什么不可以质疑？中国人自卑，中国政府自卑，因为自卑对别人的质疑总是抱着敌视的态度，这样的民族很难进步……"

朋友们，你们看懂了吗？我们只能慨叹：不懂化学，真可怕！

看基德炫魔术

除了巧克力能让部分动物兴奋不已外，含有较多咖啡因的茶、可乐也可能让动物非常兴奋乃至狂躁，建议大家不要尝试。下面我们就用这个魔术看看可乐的狂躁性吧。

可乐喷泉

魔术名称： 可乐喷泉

魔术现象： 曼妥思加入可乐后，可乐迅速向上喷发，
形成可乐喷泉。

魔术视频：

扫一扫，看视频

追柯南妙推理

一位精神病医生在寓所被杀，他的四位病人受到警方传讯。

①警方根据目击者的证词得知，在医生死亡那天，这四个病人都单独去过一次医生的寓所。

②而在传讯前，这四位病人共同商定，每人向警方作的供词条条都是谎言。每个病人所作的两条供词如下。

埃弗里：

a.我们四个人谁也没有杀害精神病医生。

b.我离开精神病医生寓所的时候，他还活着。

布莱克：

c.我是第二个去精神病医生寓所的。

d.我到达他寓所的时候，他已经死了。

克朗：

e.我是第三个去精神病医生寓所的。

f.我离开他寓所的时候，他还活着。

戴维斯：

g.凶手不是在我去精神病医生寓所之后去的。

h.我到达精神病医生寓所的时候，他已经死了。

这四个病人中谁杀害了精神病医生？

跟灰原学化学

之前，我们提到了巧克力、咖啡和茶中的可可碱、咖啡因以及茶碱都是赛马的兴奋剂，下面便是这三种物质的结构式（图9-10），大家能看出它们有什么不同吗？

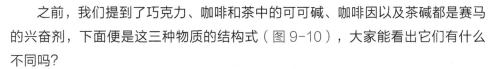

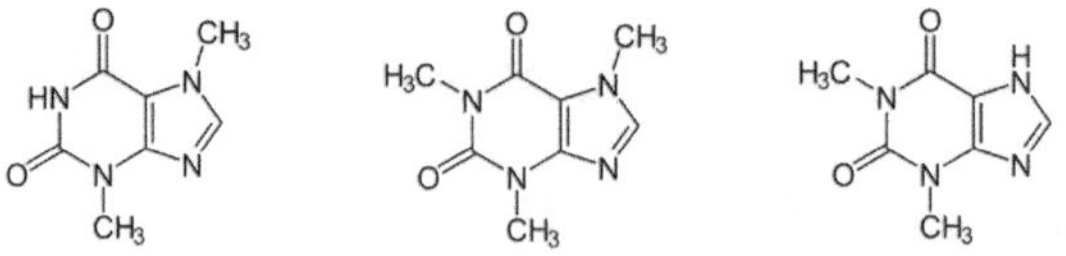

可可碱　　　　　咖啡因　　　　　茶碱

图 9-10　可可碱、咖啡因和茶碱的分子结构式

听博士讲笑话

最佳兴奋剂

病人跟医生说："医生，请给我一些可以振奋、刺激、充满斗志的药。"

医生说："别担心，这个拿去，看到这张账单以后，你要的这些就都会有了。"

推理解答、习题答案

【推理解答】

根据②，从这八条虚假供词的反面可得出以下八条真实的情况。a.这四人中的一人杀害了精神病医生。b.埃弗里离开精神病医生寓所的时候，精神病医生已经死了。c.布莱克不是第二个去精神病医生寓所的。d.布莱克到达精神病医生寓所的时候，精神病医生仍然活着。e.克朗不是第三个到达精神病医生寓所的。f.克朗离开精神病医生寓所的时候，精神病医生已经死了。g.凶手是在戴维斯之后去精神病医生寓所的。h.戴维斯到达精神病医生寓所的时候，精神病医生仍然活着。

根据这里的真实情况 a、d、h、b 和 f，布莱克和戴维斯是在埃弗里和克朗之前去精神病医生寓所的。根据真实情况 c，戴维斯必定是第二个去的，从而布莱克是第一个去的。根据真实情况 e，埃弗里必定是第三个去的，从而克朗是第四个去的。精神病医生在第二个去他那儿的戴维斯到达的时候还活着，但在第三个去他那儿的埃弗里离开的时候已经死了。因此，根据真实情况 a，杀害精神病医生的是埃弗里或者戴维斯。根据真实情况 g，埃弗里是凶手。

【习题答案】

正如我们之前提到的，可可碱、咖啡因和茶碱，它们都是属于 3- 甲基黄嘌呤类。自然，它们在结构上也定是有不少相似之处的，它们都拥有一个 3- 甲基黄嘌呤的"骨架"，如图 9-11 所示。

只是可可碱的 7 位 N 上连了一个甲基，而咖啡因的 1 位和 7 位 N 上都有甲基，茶碱则只有 1 位 N 上连有甲基。就是这微小的差异，导致了它们在生物学和化学性质上的差异。

图 9-11　3- 甲基黄嘌呤

魔术揭秘

魔术真相：可乐中的二氧化碳遇到多孔物质而迅速释放出来。

实验装置与试剂：可乐，曼妥思糖。

操作步骤：将多颗曼妥思加入刚刚开封的可乐中。

扫一扫，看视频

（注：曼妥思中含有阿拉伯胶的化学物质遇到含碳酸盐的可
乐后，改变水分子的表面张力的说法为谣传。）

危险系数： ☆☆

实验注意事项： 气体喷发时压强较大，建议选择空旷地
点完成。

10

美食中的相生相克
——《危险的处方笺》

跟小兰温剧情

在上个章节里，我们了解到了关于兴奋剂和体育赛事药物禁忌的知识。赛前检测兴奋剂是为了维护体育精神的公平公正。运动员们需要注意药物的摄入，避免无意的粗心丧失比赛的机会，而在日常生活中，有很多食物相生相克，放在一起吃会使人或动物的身体不舒服，甚至威胁生命。在《名侦探柯南》动画片《危险的处方笺》剧集中，嫌疑人就是利用常见的食物和克罗尼以达到作案目的的。

少年侦探团在超市里玩，他们从大家扔掉的购物收据里推测出他家今天晚饭会吃什么，其中有一个人的收据上显示的物品特别奇怪，他买了：土豆、洋葱、牛肉、面粉、白砂糖、刀、砧板、刨丝器、轻便手套、饭盒、簸箕、假面超人彩球、电池、车灯，还有克罗尼。柯南发现这些材料正好可以制作鼹鼠丸，他们不放心，便去向超市的收银人员咨询。结果发现收据的主人行为诡异，目的不纯，他们便多方打听找到此人，及时地化解了一场危险。

柯南为什么会怀疑那份收据的主人呢？这就得从食物搭配说起了。克罗尼（chlorine，含氯化合物）是在剧集提到的一种无色或白色的结晶，一般用作皮肤消毒或者杀菌，但是克罗尼有很强的毒性，搭配土豆、洋葱、牛肉、面粉、白砂糖便可以制成鼹鼠丸，人吃了后会全身麻痹，无法行动，对身体有很大的伤害。正是因为这样，柯南他们才及时地帮助了别人。

那么，有哪些食物是不能在一起吃的呢？其中的化学原理是什么？许多传言又是否有科学依据呢？

跟光彦学知识

说到食物相克的起源，我们就必须提到一位东汉末年著名的医学家张仲景，他著的《伤寒杂病论》是中医史上第一部理、法、方、药俱备的经典，喻嘉言称此书"为众方之宗、群方之祖"（图10-1）。元明以后张仲景被奉为"医圣"。神奇的是他当时还担任了长沙太守，作为一市之长还有如此高明的医术，不能不让人惊叹了！

《伤寒杂病论》共十六卷，经后人整理校勘，将书中伤寒部分定名为《伤寒论》，杂病部分定名为《金匮要略》，在《金匮要略》一书中，就曾提到有48对食物不能放在一起吃，如螃蟹与柿子、葱与蜂蜜、甲鱼与苋菜等，否则会发生食物相克现象。

应该说，这里的食物相克往往是古代人的某些经验的总结，但是疾病产生的原因是多方面的，并且，一些食物在一起吃会产生疾病并未经过仔细的验证，所以，《金匮要略》完全归结于这些食物不宜同吃是不科学的。

食物相克其实就是不同食物中的各种成分可能互相反应，发生化学变化的结果。具体表现在不同成分发生化学缔合不易消化等，产生刺激性化学物质导致消化道不适等各种方面，下面就从化学原理上具体介绍几种传说中不宜在一起吃的食物，不过有一些只是谣言！

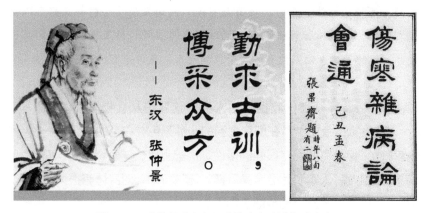

图10-1 张仲景（左）和《伤寒杂病论》（右）

菠菜 + 豆腐（图 10-2）

菠菜营养丰富，素有"蔬菜之王"之称，菠菜里含有很多草酸（每 100 克菠菜中约含 300 毫克草酸）。豆腐里含有较多的氯化镁、硫酸钙，两者若同时进入人体，会生成不溶性的草酸钙，不但会造成钙质流失，还可能沉积成结石。发生如下的化学反应：

硫酸钙 + 草酸 → 草酸钙（不溶性沉淀）

所以，对结石体质的人群来说，最好不要把菠菜和豆腐一起吃。特别是对于古人，由于没有现代的外科手术技术，结石在过去一直是绝症；不过，随着现代医疗技术的进步，结石只是小手术，对于其他人群，大可不必紧张。菠菜在沸水中焯煮一下，草酸含量会大大下降。菠菜、豆腐中的蛋白质、叶绿素等营养成分可以有效地被人体消化吸收，而且菠菜豆腐汤的味道很鲜美！

图 10-2 菠菜和豆腐不能同食

不能使用浓茶来解酒（图 10-3）

有些人习惯使用浓茶来解酒，殊不知，这根本就是雪上加霜。

因为人们饮酒后，酒中的乙醇经过胃肠道进入血液，在肝脏中先转化为乙醛，再转化为乙酸，然后分解成二氧化碳和水经肾排出体外。而酒后饮浓茶，茶中的咖啡因等可迅速发挥利尿作用，从而促使尚未分解成乙酸的乙醛（对肾有较大刺激作用的物质）过早地进入肾脏，使肾脏受损。

$$CH_3CH_2OH \rightarrow CH_3CHO \rightarrow CH_3COOH$$

图 10-3　浓茶不能用来解酒

鸡蛋 + 豆浆（图 10-4）

早上喝豆浆的时候吃个鸡蛋，或是把鸡蛋打在豆浆里煮是许多人的饮食习惯。豆浆性味甘平，有很多营养成分，单独饮用有很强的滋补作用。但其中有一种特殊的物质叫胰蛋白酶，与蛋清中的卵松蛋白相结合，会造成营养成分损失，降低二者的营养价值。

不过，话说回来，现代人的生活条件优越，营养往往过剩，损失少量的蛋白质对大家来说不在话下，因此，鸡蛋与豆浆一起吃，并不需要太紧张！

图 10-4　鸡蛋和豆浆不能同食

蜂蜜不可开水冲调（图 10-5）

有关专家建议用温水调服蜂蜜，他们表示，沸水冲蜂蜜使蜂蜜中的酶类遭到破坏，产生过量的羟甲基糖醛，使多数营养成分被破坏。专家提到的被破坏的营养成

图 10-5　蜂蜜不可用开水冲调

分应该是蜜蜂酿制蜂蜜时携带的蛋白质——各种活性酶类物质。这些蛋白质遇开水容易发生蛋白质变性现象，不易被人体吸收。不过话说回来，这些蛋白质的含量在蜂蜜中是极低的。其实蜂蜜中主要的营养成分是果糖，果糖在开水中并不会被破坏，开水冲调蜂蜜，损失的营养成分是很少的，不过有的病人是有针对性地需要蜂蜜中的微量活性酶成分就另当别论了。

伴园子走四方

　　刚才看到了许多食物中相克的传言与实例，我们来看看下面这样的一个故事——海鲜 + 维生素 = 死亡？（图 10-6）

图 10-6　海鲜和水果同时吃会生成砒霜

网络上有着这样一个传说：在中国台湾，一名女孩吃了水果和海鲜之后突然无缘无故地七窍流血暴毙。经过初步验尸，断定为因砒霜中毒而死亡。那砒霜从何而来？一名医学院的教授被邀请来协助破案。教授仔细地察看了死者的胃中取物，不到半个小时，暴毙之谜便被揭晓。教授说："死者并非自杀，亦不是被杀，而是死于无知的他杀。"大家莫名其妙。

教授说："砒霜是由海鲜与水果中的维生素 C 在死者腹内产生的。"

$$As_2O_5 + 维生素 C \rightarrow As_2O_3 + O_2（发生了氧化还原反应）$$

这里的 As_2O_3 即为人们俗称的砒霜。这个事情是真实的吗？我们再来看看影视作品中食物相克的故事。电影《双食记》是根据著名美食专栏女作家殳俏的小说改编的（图10-7）。

故事的创意为中华传统饮食不仅美味、养生，还有相生相克的道理，就像爱情让人沉醉也能杀人。其中就引用了"虾＋维生素 C＝砒霜"的说法。

具体表现：男人发现自己一头乌黑的头发开始脱落，平时牙齿也变得有问题，连眉毛都在掉，检查结果居然是砒霜中毒。

专家评述：海鲜和水果配在一起吃不合适，但要说有那么大的副作用甚至毒性，则是没有的，真要产生片中那些症状，有剂量和时间等问题，要长期大量服用才可能产生这样的效果。

一般认为，100~200 毫克砒霜才有致命危险。可是，我国的鱼类砷含量标准是 0.1 毫克 / 千克。也就是说，如果吃合格的水产品，那么即便吃 1000 千克，也不会发生急性中毒问题。

海鲜与水果不能同吃的真实原因是什么呢？其实是因为鱼、虾、蟹等海产品中含有丰富的蛋白质和钙等营养素，而水果中含有较多的鞣酸（图 10-8），如果吃完海产品后马上

图 10-7　《双食记》电影宣传海报

图 10-8　鞣酸分子结构

吃水果，鞣酸遇到水产品中的蛋白质会沉淀凝固，形成不容易消化的物质（原理见图10-9）。同时，鞣酸还有收敛作用，能抑制消化液的分泌，使凝固物质长时间滞留在肠道内，进而引起发酵。海鲜中的钙还会与水果中的鞣酸相结合，形成难溶的钙，会对胃肠道产生刺激，甚至引起腹痛、恶心、呕吐等症状。蟹和柿子不能同食就是一个典型的例子。

上面的传说提到虾＋维生素C＝砒霜，那砒霜到底是什么样的东西呢？

砒霜的主要化学成分为三氧化二砷（As_2O_3），无臭无味，外观为白色霜状粉末，故称砒霜，它素有"毒物之王"的别称，也是古代为数不多的可以从矿物中简便提取的矿石类毒物之一，在古代的小说以及影视作品中广泛出现（图10-10）其实，它的毒性并没有传说中那么大，上文提到，一般认为100~200毫克砒霜才有致命危险，远不及《名侦探柯南》中犯罪分子常用的毒药氰化钾。如果误服后及时送往医院还是可以得到救治的，现在通常可以采用特效解毒剂——二巯基丙醇（$C_3H_8OS_2$）来急救处理。

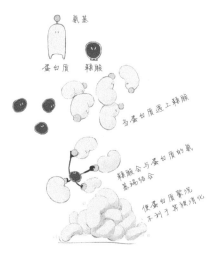

图10-9　鞣酸与蛋白质结合原理

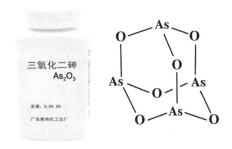

图10-10　三氧化二砷

提到砒霜中毒，是否还记得2012年年底浙江嘉兴曾大面积出现死猪漂浮的"黄浦江死猪"事件？当时有猪农认为与砒霜中毒有关。根据他们的反映，有种制剂叫有机砷，用在猪饲料添加剂里，可以促进猪性腺发育和毛皮红亮，改进卖相，有利于卖个好价钱。但副作用是有机砷蓄积在猪体内可部分分解为无机砷，喂食四五个月后会大幅增加猪内脏腐蚀、大批死亡的概率。所以一般是在预备出栏前三四个月开始用。然而2012年中国政府开始大力禁绝国企和机关摆酒席过年，导致大量酒席突然被取消，相应地，酒席用肉也大幅低于预期。已经准备出栏的猪也被迫继续在栏里养着。可是有机砷已经用了，本来马上宰杀副作用还不会呈现出来，现在拖了一两个月还没卖出去，有机砷的副作用就产生了，猪纷纷内脏腐烂而死。养猪户不敢拿去市场上卖这样的死猪肉，只好抛到河里了事。孰料这么投喂有机砷的养猪户太多，猪尸们在黄浦江"大游行"，被媒体发现了。当时李安导演的电影《少年派的奇幻漂流》正在热映，网友也吐槽黄浦江上出现了"少年PIG的奇幻漂流"（图10-11）。

究根问底，以上说法出现了不少疑点。其一，该说法将有机砷与砒霜简单联系起来，是有故意混淆视听嫌疑的。砒霜是无机砷（三氧化二砷），而用于猪饲料添加剂的是有机砷。无机砷中三价的砷是有剧毒的，五价的砷毒性较低，有机砷（也简称为胂）的毒性更低，单质的砷更是无毒的。包括上文提到海鲜中砷的含量，应该也是指有机砷，更说明了海鲜与水果同食的危害性极低。第二，如果说政府大力禁绝国企和机关摆酒席过年导致猪也被迫继续在栏里养着而出现毒性反应，那么为什么这种毒性反应只在嘉兴出现，而全国其他地方却鲜有报道？如果这是一个普遍的养猪增产策略，不会只有嘉兴采用吧。

所以综合上述两点，"黄浦江死猪"事件并非与砷相关。那实情到底是什么呢？为什么只有嘉兴出现了大量的死猪事件，而且第二年就不再出现这样的现象了呢？其实，"真相只有一个！"原来养猪场每年病死猪都有不少，但以往都由死猪贩子收购后用于制造香肠、腊肉等。但是2012年，浙江嘉兴逮捕了多名死猪贩子并给予了严厉的处罚，这样养猪场的病死猪无人收购，于是养殖户就把死猪抛弃到黄浦江里形成漂流现象。其他地方没有死猪漂流是因为其他地方还有死猪贩子！第二年未出现死猪漂流则是因为各地政府除了严厉打击死猪贩子外，也严厉打击将死猪抛到江中的现象，养殖户都采取了合理的填埋措施，因此就不再出现死猪漂流现象了！

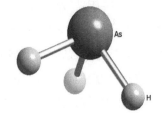

有机砷化合物
砷与一些有机基团形成的金属有机化合物。有机砷化合物在自然界并不常见，主要通过合成方法制备，广泛用作药物

图10-11　"少年PIG的奇幻漂流"（左）和有机砷化合物简介（右）

随优作忆典故

《甄嬛传》是 2012 年中国影响力最广、热度最高的电视连续剧之一（图 10-12）。后宫生活步步惊心，我们也一起来盘点《甄嬛传》中不宜在一起吃的食物并简单分析其中的化学原理。

木薯：处理不当易中毒

剧情展示：皇帝十分疼爱温宜公主，华妃决定谋害公主嫁祸于甄嬛，在公主的食物中加入了木薯，导致公主吐奶。

木薯（图 10-13）一般作为外用药使用，能够治疗痈疽疮疡、肿疼痛、跌打损伤等症。食用的时候则需要进行专业的处理，否则易引发中毒症状。

图 10-12 《甄嬛传》海报

木薯

麝香

红花

图 10-13 木薯、麝香和红花

麝香与红花

剧情展示：甄嬛被猫抓伤后，安陵容送了一瓶淡化瘢痕的药物，其中所含的麝香却让她流产；华妃受皇帝宠爱却始终未得一男半女，原来她使用的"欢宜香"内含有大量麝香，导致她终身无法怀孕。

麝香以及红花（图10-13）都具有一定的活血效果，月经不调的女性如果调理得当，用这两种药物能够得到有效的改善。藏红花本身具有令子宫收缩的效果，大量食用会有导致流产的风险，但是电视剧中的一碗红花水就能流产显然是不太可能的。

苦杏仁：多食易中毒

剧情展示：安陵容被甄嬛打入冷宫后，觉得人生无望，吞食苦杏仁自尽而亡（图10-14）。

杏仁有两种，一般人们用来煲汤的是"南杏"，也就是甜杏仁，美女们爱吃的大杏仁即是甜杏仁，每日吃几粒，能软化肌肤，让肌肤更滑嫩；"北杏"就是苦杏仁，苦杏仁常被中医用来与其他中药搭配，但因其本身毒性较大，即使是作为中药食用，也需要在医生的指导下进行，切忌自行服用。

夹竹桃＋桂枝：谨慎食用

剧情展示：安陵容暗示齐妃夹竹桃能损伤胎儿，齐妃就给甄嬛送了一批掺了夹竹桃的点心。恰好太医在甄嬛处，太医说明，甄嬛正在喝桂枝汤，如果夹竹桃和桂枝汤一起服用，会导致流产，因此二者不宜一起食用。

图10-14 安陵容剧照（左）和苦杏仁（右）

夹竹桃，*Nerium indicum Mill.*
1—花枝；2—花冠的一部分，展开是雄蕊和副花冠；
3—菁葖（杨四方绘）

夹竹桃

桂枝

图10-15　夹竹桃和桂枝

夹竹桃本身具有毒性，但是入药则可以利尿去瘀，本身具有兴奋子宫的效果，服用后能够加快子宫的收缩速度；桂枝则可以通经活血，叠加效果更明显，孕妇千万不要食用（图10-15）。

看基德炫魔术

许多生活中的美食，也能演绎出许多浪漫的小魔术，下面我们来看看橘子皮又有什么奇妙之处呢？

橘子皮的浪漫

魔术名称：橘子皮的浪漫。
魔术现象：挤压橘子皮，蜡烛附近产生火花。

扫一扫，看视频

魔术视频：

追柯南妙推理

《藏地密码》的作者——著名作家何马的推理悬疑小说《神探韩峰》系列之"七宗罪之谜"的故事中，神探韩峰了解到一位企业家庄庆隆三年前离奇去世（图10-16）。

庄庆隆的儿子庄晓军将他父亲死亡时的情况述说了一遍，他父亲原本就有心脏病，平时都备着强心救生丸，那天是他的五十大寿，大宴宾客，多喝了几杯，也是在突然间，心脏病发作，可是摸他外套时，竟然忘了带他的药，后来发现药落在了汽车里，救护车赶到时，就已经不行了。庄晓军还特意提到，当他父亲不行了的时候，助手还给老爷子做了心外按压，可惜依然无济于事。

韩峰找到当地的公安局，查看了当时的卷宗，注意到其中有一份当时上菜的名单，以及桌上每道菜和各种饮品的检查结果，韩峰微微一笑道："他

图10-16　何马的推理悬疑小说《神探韩峰》

们还挺仔细的，每道菜都做了化验。"

另一位警官冷镜寒说道："可是化验结果都是正常的啊？"

韩峰往菜单上一指，道："死者本来有心脏病，所以不用特意下毒，普通食物就可以吃死他。"

冷镜寒顺着韩峰手指，上面写着："菜名，金菇炖甲鱼；原料：法国大针菇、十年老河甲、鱼子酱、蟹黄、艾汁、辣椒丝、姜汁、蒜泥、小葱、干笋；检查结果：对人体无害。"

那么，这是怎么回事呢？

听博士讲笑话

最佳兴奋剂

柯南："月初你还顶个啤酒肚，怎么到月底你肚子就瘦下去了？"

阿笠博士："我控制我的饮食，多吃蔬菜水果；每天锻炼做仰卧起坐、俯卧撑……"

柯南："哦，我懂了！"

阿笠博士："你懂个啥！后来我吃水果蔬菜太多，不小心吃坏肚子，拉了一个多星期，就瘦下来了。"

简评：蔬菜水果大部分含水率很高，是凉性的，容易伤胃，吃得太多容易拉肚子！这也是食物相克的症状体现。

跟灰原学化学

请思考并简答：喝酸奶与喝牛奶相比，哪个更容易让人胖？试从化学的角度进行分析。

推理解答、习题答案

【推理解答】

韩峰指的地方，正在法国大针菇上面，他解释道："这种蘑菇，又叫黑伞盖帽，墨汁鬼伞，它含有鬼伞菌素，本身是美味，但是不能与酒同吃。"

冷镜寒"哦"了一声，道："同吃会怎么样？"

韩峰道："吃这种蘑菇的时候喝酒，会让你面红耳赤，心跳加速，但不会致命，普通人都能够承受这种不适应，不过心脏病患者就……"

冷镜寒道："犯罪嫌疑人故意上了那道蘑菇，它与酒同吃，可以诱发心脏病！而后又将他的药偷走，待警察来查的时候，将药瓶放回车内，这样就查不出痕迹了。"

韩峰点头道："是啊，虽然做得不露痕迹，可是这毕竟不是巧合啊，一件巧合是巧合，这么多巧合在一起，那肯定是预谋了。"

通过当时的聚餐名单，韩峰很快确认了凶手，并将凶手绳之以法。

【习题答案】

喝酸奶更易让人胖。其实，酸奶就是添加乳酸菌并进行了后处理的牛奶。经过乳酸菌发酵后，牛奶中的乳糖分解成了乳酸。这样更容易被人体吸收，因此，喝酸奶更容易发胖。另外，由于中国人普遍不适应太酸的酸奶，因此，厂商都会添加砂糖或果糖来调味，也因此增加了许多热量。显然，酸奶普遍来说还是比牛奶的热量高，这就更容易让人发胖。因此，要保持苗条的身段，还是要慎选酸奶的品牌和种类，并且食用量要有所限制，否则不知不觉就会喝下一堆热量，增肥容易，减肥难。

魔术揭秘

扫一扫，看视频

魔术真相：橘子皮在挤压时所喷出来的汁液，含有植物性油脂，所以能燃烧。

实验装置与试剂：新鲜橘子皮，蜡烛。

操作步骤：在蜡烛火焰附近挤压橘子皮（向上挤压橘子皮效果更好）。

危险系数： ☆

实验注意事项： 实验时需要使用明火，请小心使用，以防出现火情。

参考文献

[1] 青山刚昌. 名侦探柯南. 长春：长春出版社，2002 年至今.

[2] 陆鼎一. 化学故事新编. 苏州：苏州大学出版社，2007.

[3] 寇元. 魅力化学. 北京：北京大学出版社，2010.

[4] 马金石，王双青，杨国强. 你身边的化学：化学创造美好生活. 北京：科学出版社，2011.

[5] Lucy Pryde Eubanks, Catherine H, Middlecamp, et al. 化学与社会. 段连运等译，林国强审校. 北京：化学工业出版社，2008.